Ergebnisse der Anatomie und Entwicklungsgeschichte
Reviews of Anatomy, Embryology and Cell Biology
Revues d'anatomie et de morphologie expérimentale

Herausgegeben von
A. Brodal, Oslo · W. Hild, Galveston · R. Ortmann, Köln · T. H. Schiebler,
Würzburg · G. Töndury, Zürich · E. Wolff, Paris

Schriftleitung
G. Töndury, Zürich

Band 39 · Heft 6

Hans-E. Stegner

Die elektronenmikroskopische Struktur der Eizelle

Mit 53 Abbildungen

Springer-Verlag · Berlin · Heidelberg · New York · 1967

Priv.-Doz. Dr. med. Hans-E. Stegner
Universitäts-Frauenklinik Hamburg-Eppendorf

© by Springer-Verlag Berlin · Heidelberg 1967 Library of Congress Catalog Card Number 64-20582
Titel Nr. 4458.
Softcover reprint of the hardcover 1st edition 1967
Die Wiedergabe von Gebrauchsnamen, Handelsnamen, Warenbezeichnungen usw. in dieser Zeitschrift berechtigt
auch ohne besondere Kennzeichnung nicht zu der Annahme, daß solche Namen im Sinne der Warenzeichen- und
Markenschutz-Gesetzgebung als frei zu betrachten wären und daher von jedermann benutzt werden dürften
Druck der Universitätsdruckerei H. Stürtz AG. Würzburg
ISBN-13: 978-3-540-03770-5   e-ISBN-13: 978-3-642-46065-4
DOI: 10.1007/978-3-642-46065-4

Inhalt

I. Einleitung

Die Eizelle der Säugetiere und des Menschen enthält eine Vielzahl von Strukturen, die durch die höhere Auflösung der Elektronenmikroskopie neu erschlossen oder genauer definiert werden konnten. Neben den geläufigen, auch in vegetativen Zellen vorkommenden Organellen, finden sich speziell auf die Besonderheiten der Keimzelle abgestimmte Einschlüsse. Form und Anordnung der Zellorganellen werden im Ablauf der Eireifung und frühen Keimentwicklung ständig verändert. Da die Funktion der Zellorgane an bestimmte Muster und Kombinationen gebunden ist, sind aus der Ordnung der Zellstrukturen Rückschlüsse auf ihre Bedeutung für die Keimentwicklung möglich. Experimentelle Untersuchungen zeigen, daß die Bildung einer Embryonalanlage an bestimmte „Faktorenbereiche" der Eizelle gebunden ist (SEIDEL, 1952a und b, 1956, 1960). Wieweit spezifisch histochemisch reagierende Areale (Verteilung der metachromotropen Substanz: DALCQ, 1951, 1952; JONES-SEATON, 1950; DE GEETER, 1954) diesen Faktorenbereichen entsprechen, ist mit lichtmikroskopischen Methoden nicht zu klären. Nach orientierenden Untersuchungen zur Analyse der Feinstruktur und zur Erfassung des Organellenbestandes der Säugereizelle sind phasengerechte elektronenmikroskopische Studien der Oogenese, Fertilisation und Blastogenese von aktuellem Interesse. Diese Untersuchungen geben unter anderem tiefere Einblicke in den formalen Ablauf der speziellen Teilungsvorgänge, in die Natur der zelleigenen Reservestoffe und die cytologischen Korrelate der Informationsspeicherung für die Keimentwicklung. Vergleichende elektronenmikroskopische Untersuchungen an tierischen Objekten haben in den letzten Jahren unabhängig von der speciesbedingten Variabilität viele morphogenetische Probleme dem Verständnis näher gebracht. Naturgemäß stützen sich unsere Kenntnisse vorwiegend auf Befunde an Laboratoriumstieren, bei denen eine phasengerechte Studie am ehesten möglich ist.

Diese Befunde müssen die lückenhafte Kenntnis der menschlichen Blastogenese vorerst noch überbrücken. Sie liefern die notwendige Basis für die Aufklärung pathophysiologischer und teratogenetischer Probleme, die über die Grundlagenforschung hinaus im Brennpunkt des ärztlichen Interesses stehen.

II. Untersuchungsmethoden

Elektronenmikroskopische Studien der Morphogenese sind bislang nur an fixierten Objekten möglich. Die Dynamik der Entwicklungsprozesse läßt sich anhand einer möglichst lückenlosen Reihe repräsentativer Zustandsbilder verfolgen. Die „Paradestücke" des Entwicklungsphysiologen sind aufgrund sorgfältig erarbeiteter Normentafeln am besten für sublichtmikroskopische Untersuchungen geeignet. Unter den Säugern zählen die kleinen Laboratoriumstiere zu den bevorzugten Objekten. Ihre embryogenetischen Zeitpläne sind gut bekannt (s. die Arbeiten von LONG, 1912; GRESSON, 1941; BLANDAU, 1945; BLAN-

Dau u. Odor, 1950, 1951; Austin, 1951, 1961a; Austin u. Braden, 1954; Dalcq, 1951, 1957 u. a. über die Frühentwicklung von Ratte und Maus sowie die Untersuchungen von Bischoff, 1842; van Beneden 1880a und b, 1912; Minot u. Tayler, 1905; Gregory, 1930; Pincus, 1930—1940; Seidel, 1952, 1954, 1956, 1960 und Gottschewsky, 1962 über die Frühentwicklung des Kaninchens). Bei Tierarten mit provozierter Ovulation ist eine gezielte Gewinnung bestimmter Entwicklungsstadien des tubaren Eies relativ leicht möglich. Durch künstliche Ovulationsauslösung kann die Zahl der ovulierten Eier beträchtlich erhöht werden. Smith u. Engle (1927) erzielten Superovulationen bei der Ratte und Maus durch Hypophysentransplantate. Später sind gonadotrope Präparate verschiedener Herkunft mit dem gleichen Ziel verwendet worden.

Umbaugh (1951), Runner u. Gates (1954), Gates (1956), Edwards u. Gates (1959) sowie Harrington (1964) geben Hinweise zur Methodik. Hafez (1965) induziert beim Kaninchen Superovulationen durch Vorbehandlung mit Stutenserum (PMS) ergänzt durch menschliches Choriongonadotropin, welches unmittelbar vor der Begattung den Tieren injiziert wird. Seidel (1960) gibt insgesamt sechs Injektionen von jeweils 0,1 g Gonadophysin (10 Ratteneinheiten) in 12stündigen Abständen zur Stimulation der Follikelreifung, anschließend eine siebte Injektion von 0,5 g i.v. als Ovulationsdosis.

Grundsätzlich sind alle Gonadotropinpräparate zu diesem Zweck verwendbar, die über eine ausreichende FSH- und LH-Aktivität verfügen um sowohl das Follikelwachstum zu fördern als auch den Eisprung auszulösen. Den Befunden von Carter, Simpson u. Evans (1958) sowie Carter, Woods u. Simpson (1961) sind genaue Angaben über die Minimaldosen zur Auslösung der Ovulation bei hypophysektomierten Ratten zu entnehmen. Obgleich die Eier nach Superovulation in der Regel normale Entwicklungspotenzen besitzen, sind Reifungsstörungen durch das überstürzte Heranwachsen der Follikel möglich.

Auch beim Menschen können durch Gonadotropinpräparate Polyovulationen verursacht werden. Die medikamentöse Ovulationsauslösung findet bei hypophysär bedingten Amenorrhoen therapeutische Anwendung (s. Gemzell, 1961, 1964; Bettendorf, 1964, 1965). Die verwendeten Präparate entstammen verschiedenen Ausgangsmaterialien (Choriongonadotropin, menschliches hypophysäres Gonadotropin, menschliches Menopausegonadotropin). Entscheident für den Erfolg ist sowohl das Verhältnis der follikelstimulierenden und luteinisierenden Aktivität des Präparates als auch die hormonelle Ausgangslage der Patientin.

Im folgenden sollen einige Methoden der Oocytengewinnung und Präparation dargestellt werden, die sich für elektronenmikroskopische Studien bewährt haben. Die Untersuchung der Eizellen in situ, d. h. im Verbande des Follikelepithels stellt keine besonderen Anforderungen an die präparatorische Technik. Die lupenmikroskopische Untersuchung erlaubt eine ausreichende Orientierung und Selektion. Im angeschnittenen Tertiärfollikel menschlicher Ovarien ist im fixierten und unfixierten Zustand der Eihügel mit dem Lupenmikroskop gut zu erkennen. Die Eizellen können vorsichtig herausgequetscht oder herausgespült werden oder auch zusammen mit den Zellen des Cumulus oophorus excidiert werden. Zur Auffindung der Primordial- und Primärfollikel müssen zunächst „dicke Schnitte" des fixierten und eingebetteten Ovarialgewebes angefertigt werden. Als Fixantien werden vorgeschlagen:

1. 1%ige OsO_4-Lösung mit Michaelis-Puffer auf pH 7,2—7,4 eingestellt;
2. OsO_4-Chromat-Fixativ (Dalton);
3. 1,2%ige $KMnO_4$-Lösung in Veronal-Acetat-Puffer (Luft);
4. Palade-Fixativ modifiziert nach Caulfield;

5. 4%iges Glutaraldehyd in Phosphatpuffer, pH 7,2—7,4 mit Nachfixierung in 1%iger OsO_4-Lösung.

Die Fixationsdauer variiert je nach Größe der Objekte zwischen $^1/_2$ und 2 Std. Sie soll bei etwa 4° C erfolgen. Das Gewebe wird anschließend über die Alkohol- oder Acetonreihe dehydriert und eingebettet. Als Einbettungsmedien sind Vestopal-W und Epon 812 gut geeignet; aber auch Methacrylat und Maraglas sind mit Erfolg verwendet worden. Die $^1/_2$ bis 1 µ dicken Schnitte werden einige Minuten auf dem Objektträger angetrocknet, kurz mit alkalischer Toluidinblau-lösung angefärbt (TRUMP, SCHNUCKLER u. BENDITT, 1961) und nach Abspülen mit Aqua dest. in einer 50%igen wäßrigen Glycerinlösung montiert. Nach orientierender Betrachtung im Phasenkontrastmikroskop können die Blöcke auf das gewünschte Detail zugeschnitten werden. Zur Kontrastierung der Feinschnitte eignen sich:

Bleimonoxyd (KARNOVSKY),

Kaliumpermanganat,

Uranylacetat,

Phosphorwolframsäure,

Uranylacetat-Phosphorwolframsäure (Kontrastierung am Stück: BOTTERMANN).

Isolierte Ovarialeier können durch Follikelpunktion gewonnen werden. Dieses Verfahren bereitet bei den relativ großen Follikeln des menschlichen Ovars keine technischen Schwierigkeiten. Die mit einer gut saugenden Glasspritze verbundene 20er Kanüle wird am Rande des Follikels in das Ovarialstroma eingestochen und unter leichtem Kolbenzug bis in das Antrum vorgeführt. Durch gezielte Weiterführung der Kanüle können auf diese Weise mehrere Follikel nacheinander punktiert und die Eizellen im Aspirat gesammelt werden. Die Spritze wird danach sofort in Uhrglasschälchen, Boveri-Schalen oder noch besser in muldenförmige Blockschälchen entleert. In schräg einfallendem Licht sind die Eizellen mit einiger Übung leicht bei Lupenvergrößerung aufzufinden. Nach Sedimentation liegen sie am Grunde der Schälchen zwischen kleinen Verbänden von Follikel-epithel und Detritus. Auf dunklem Untergrund wird ihre Eigenfarbe deutlich und die Auffindung erleichtert. Die osmierten Zellen sind auf weißer Unterlage besser zu erkennen. Mehrfaches Absaugen und Zusetzen einer gepufferten Spülflüssigkeit eliminiert die unerwünschten Zellbestandteile und Verunreinigungen, die besonders nach der Fixation sehr störend wirken. Das Absaugen muß vorsichtig vom Rande her unter dem Lupenmikroskop erfolgen, nachdem man die Eier mit einer Präpariernadel am tiefsten Punkt des Schälchens vereinigt hat und im Auge behalten kann. Als flüssige Medien sind homologe Seren allein oder im Gemisch mit anorganischen Salzlösungen verwendet worden, die den unterschiedlichen Entwicklungsstadien Rechnung tragen. SEIDEL (1960) gibt für die Untersuchung von tubaren Kanincheneiern als anorganische Grundlage einer Salzlösung folgende Zusammensetzung an:

Lösung I	Lösung II
5,9 g NaCl	0,2 g $NaH_2PO_4 \cdot 2H_2O$
0,2 g KCl	4,16 g $Na_2HPO_4 \cdot 12H_2O$
0,2 g $CaCl_2$	900,0 ml Aqua dest.
0,2 g $MgCl_2 \cdot 6H_2O$	
940,0 ml Aqua dest.	

Zum Gebrauch werden 6,0 ml Lösung II mit 94,0 ml Lösung I vermischt. Die Lösung hat pH 7,0. Falls die Eizellen unmittelbar nach der Gewinnung fixiert werden sollen, genügen Krebs-Ringer- oder Ringer-Locke-Lösung als Auffang- und Spülflüssigkeit. Für Kultivierung und künstliche Befruchtung sind spezielle Zuchtmedien notwendig (s. Brinster, 1965). Bei Beachtung bestimmter Temperaturbedingungen können die Eizellen über einige Tage gespeichert werden. Die Überlebenszeit ist abhängig vom Entwicklungsstadium, der Speicherflüssigkeit und Speichertemperatur sowie vom Grad der Unterkühlung und Wiedererwärmung. Jüngere Eizellen sind im allgemeinen gegen Unterkühlung resistenter als fortgeschrittene Furchungsstadien und Blastocysten. Glycerol-Zusatz erhöht die Überlebensrate; Antibiotica lassen keinen direkten Einfluß auf die Überlebenszeit erkennen. Über systematische Untersuchungen an gespeicherten Kanincheneizellen in variierten Medien berichtet Hafez (1965).

Die in vivo unter Kontrolle des luteinisierenden Hormons ablaufende Reifung der Eizellen vom Diplotän zur Metaphase der II. Reifeteilung wird in vitro auch ohne Zusatz spezifischer Wirkstoffe realisiert. Die veränderten Milieubedingungen geben auf noch unbekannte Weise den Anstoß zur Vollendung des Reifeprozesses.

Die Reifung erfolgt synchron und unabhängig von der jeweiligen endokrinen Situation bei Entnahme der Eier (Edwards, 1965). Aus einer Kultur follikulärer Oocyten sind daher successive alle Teilungsstadien zwischen Diplotän und Metaphase II zu gewinnen. Über die zur Fertilisation in vitro geeigneten Kulturmedien sei auf die Arbeiten von Menkin u. Rock (1948), Smith (1949), Moricard (1954), Dauzier, Thibault u. Wintenberger (1954), Dauzier u. Thibault (1959), Austin (1961a und b, 1963), Bedford u. Chang (1962), Suzuki u. Mastroianni (1965) verwiesen.

Zur Gewinnung tubarer unbefruchteter und befruchteter Eier werden die in situ belassenen oder excidierten Tuben mit homologem Serum oder einer der beschriebenen gepufferten Lösungen durchspült. Zamboni u. Mastroianni (1966) verwenden u. a. das Glutaraldehyd-Fixativ zur Spülung. Bei excidierten menschlichen Tuben benutzt Shettles (1960) eine Glaspipette, die in das distale Ende eingeführt wird und mit einer Ligatur befestigt wird. Zur Spülung der Kaninchentuben empfehlen wir das von Seidel (1960) angegebene Verfahren. Die Eileiter werden exstirpiert; in einer angewärmten Ringer-Lösung trennt man die Mesosalpinx hart an der Tube ab. Die relativ langen Eileiter kann man in der Mitte teilen und beide Hälften mit einer stumpf abgeschnittenen Kanüle (äußerer Durchmesser 0,5—0,8 mm) durchspülen. Dabei kann das Auffinden der Lumina Schwierigkeiten machen. Wir punktieren die über einen Finger gelegte Tube mit einer spitzen Kanüle und spülen in beiden Richtungen. Die Flüssigkeit wird in Muldenschälchen aufgefangen. Im allgemeinen genügen beim Kaninchen 2 ml Flüssigkeit, vorsorglich sollte man aber für eine komplette Ausbeute die doppelte Menge benutzen. Auch die Uteri schneidet man zweckmäßig in der Mitte durch und durchspült das vordere Ende von vorn, das distale von hinten mit einer 1—1,2 mm dicken Knopfkanüle.

Die Passage der Eizellen in den verschiedenen Fixations-, Dehydrations- und Einbettungsmedien erfordert einige Geschicklichkeit. Wir belassen die Eier in der ersten Schale und wechseln die Medien durch Absaugen und vorsichtiges Zugeben vom Rande her mit einer Glasspritze. In leicht beweglichen Flüssigkeiten mit niedrigem Siedepunkt wirbeln die Eizellen leicht auf, so daß die Sedimentation am Boden des Gefäßes und damit die Kontrolle während des Flüssigkeitswechsels erschwert ist. In den viscösen Einbettungsmitteln und beim Übertragen in die Gelatinekapseln muß jede Zelle einzelnen befördert werden. Dazu schieben wir die Eier vorsichtig mit einer Präpariernadel auf einen ca. 3 mm breiten Streifen glatten Papiers, der zu einer flachen Rinne gefalzt ist und mit einer Pinzette unter die Eizelle geführt wird. Das fixierte Ei ist, nachdem man es unter dem Lupenmikroskop auf den Papierstreifen geladen hat, beim Herausheben mit unbewaffnetem Auge eben als winziger Punkt wahrzunehmen.

Der Erhaltungszustand der Eizellen ist trotz sorgfältiger Einhaltung der Präparationsbedingungen sehr wechselnd. Säugeroocyten mit kompakten sekundären Eihüllen („Albumenschichten") sind schwierig zu fixieren, da sie offenbar keine gleichmäßige Diffusion der Medien erlauben. Vorbehandlung mit Hyaluronidase oder tryptischen Fermenten bringt nach unseren Beobachtungen keine besseren Resultate.

III. Die Feinstrukturen der Eizelle während der Oogenese

1. Der Feinbau der Oogonie und jungen Oocyte

Die Oogenese wird in drei Perioden eingeteilt:

1. Die Vermehrungsperiode, in der sich die Urkeimzellen (Oogonien) mitotisch teilen,

2. die Wachstumsperiode, in der die Eizelle nach Einschalung in das Follikelepithel zur definitiven Größe heranwächst,

3. die Reifungsperiode, in der durch zwei aufeinanderfolgende Teilungen mit Abschnürung der Polkörperchen, der Chromosomensatz auf die Hälfte reduziert wird.

Die Vermehrungsperiode reicht bei den meisten Säugern bis zum Zeitpunkt der Geburt. Die Urkeimzellen teilen sich bereits während ihrer Wanderung vom Epithel des dorsalen Urdarmdaches in die Gonadenanlage (WITSCHI, 1948; MINTZ, 1959a und b). Größe und Struktur sowie histochemische Charakteristika (hohe Phosphataseaktivität: JIRÁSEK, 1962) erlauben eine lichtmikroskopische Abgrenzung der Oogonien gegenüber somatischen Zellen. In 4 mm langen Keimen zählt POLITZER (1933) ca. 600 Urkeimzellen. Die Oogonienteilung soll nach SIMKINS (1928) im 6. Fetalmonat beendet sein; gelegentlich werden aber in den letzten Fetalmonaten und unmittelbar post partum noch Teilungen der Urgeschlechtszellen beobachtet. Beim Kaninchen ist die Oogonienvermehrung ca. 14 Tage post partum abgeschlossen (TEPLITZ und OHNO, 1963). Für eine Eizellbildung aus dem Oberflächenepithel des menschlichen Ovars (FELIX, 1912; STIEVE, 1927; SIMKINS, 1928, 1932; NEUMANN, 1929; SWEZY und EVANS, 1930; EVANS und SWEZY, 1931; BURKL, 1954/55) gibt es in keinem Entwicklungsalter überzeugende Hinweise.

Unmittelbar im Anschluß an die letzte Oogonienteilung wird bereits die Prophase der 1. Reifeteilung eingeleitet. Das Diplotän — die letzte Phase der Praemeiose — geht in ein Ruhestadium über, das bis zur präovulatorischen Phase der Eientwicklung anhält. Der Kern der wachsenden Eizelle befindet sich also nicht in mitotischer Interphase, sondern in einem arretierten Stadium der meio-

tischen Prophase, das dem präkaryokinetischen Intervall (G₂) der Mitose entspricht. Die meiotische Prophase unterscheidet sich von der mitotischen durch
das Verhalten der Chromosomen. In der Prämeiose suchen sich die homologen
Chromosomen auf und legen sich so aneinander, daß identische Abschnitte
konjugieren. Dieser Vorgang wird als Syndesis oder Synapsis bezeichnet; er dient
dem stückweisen Austausch von Chromosomenabschnitten.

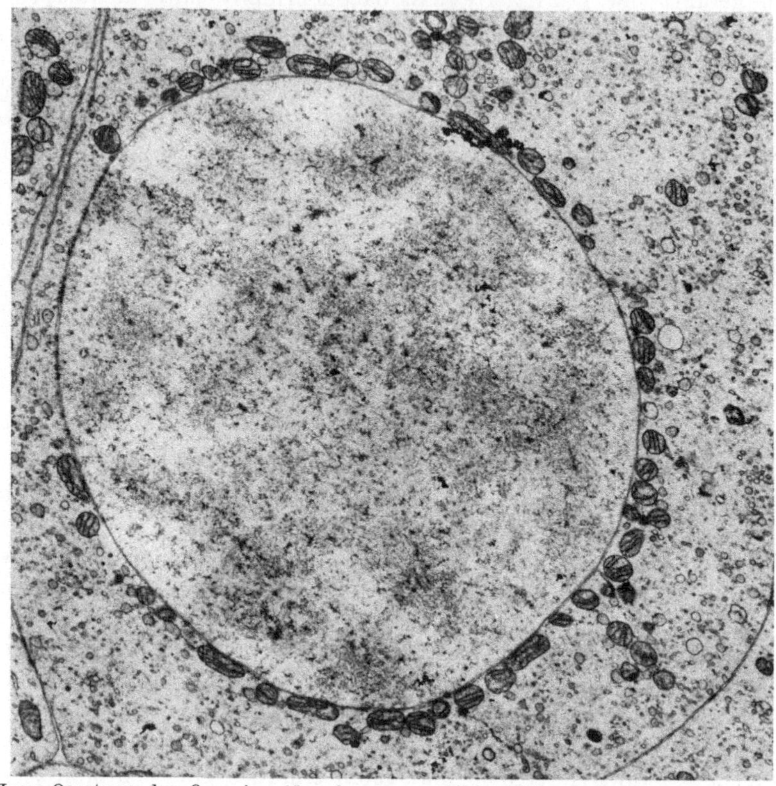

Abb. 1. Junge Oocyte aus dem Ovar eines 15 cm langen menschlichen Feten. Perinucleäre Anordnung der Mito-
chondrien. Feinkörniges Karyoplasma mit Verdichtungsbezirken. Im Zentrum der Verdichtungen sog. synaptische
Komplexe. Fix. OsO₄, Kontrastierung Uranylacetat und KMnO₄, Einbettung Vestopal W. Vergr. 12500fach.
Aus: STEGNER, H.-E., u. H. WARTENBERG, Arch. Gynäk. **199** (1963)

Die gepaarten Chromosomen (synaptische Komplexe) sind elektronenmikroskopisch sichtbar (Abb. 1 u. 2). Sie bestehen in jungen menschlichen Oocyten aus
den Chromosomensträngen (lateral component) und dem dazwischen im „midaxial
space" liegenden zentralen Element, das wie die Chromosomen ein Doppelfilament
ist. Der synaptische Komplex ist von einer elektronendichten Zone umgeben, die
durch die sog. Lateralschlingen der Chromosomen entsteht. NEBEL und COULON
(1962) finden einen ähnlichen Aufbau der synaptischen Komplexe in der Sperma-
tocyte.

Über elektronenmikroskopische Studien an Säugereizellen in der Vermehrungs-
phase liegen nur wenige Mitteilungen vor. ADAMS und HERTIG (1964) haben am
Ovar des Meerschweinchens die submikroskopischen Veränderungen der Eizelle
vom Stadium des Primordialfollikels bis zum Primärfollikel mit mehrschichtigem

Granulosaepithel verfolgt. In den jüngsten untersuchten Stadien sind die Eizellen im Durchmesser ca. 20 μ groß, häufig oval und von einer einfachen Lage platter Follikelzellen umgeben. Der Kern enthält körniges Material von unterschiedlicher Dichte. Nucleolen fehlen in diesem Stadium. Das Cytoplasma ist reich an freien RNP-Granula. Die relativ großen Mitochondrien mit wenigen kurzen Cristae mitochondriales und dichter Matrix liegen bevorzugt an einem Zellpol. Ein gerichtetes System endoplasmatischer Kanäle ist nicht vorhanden.

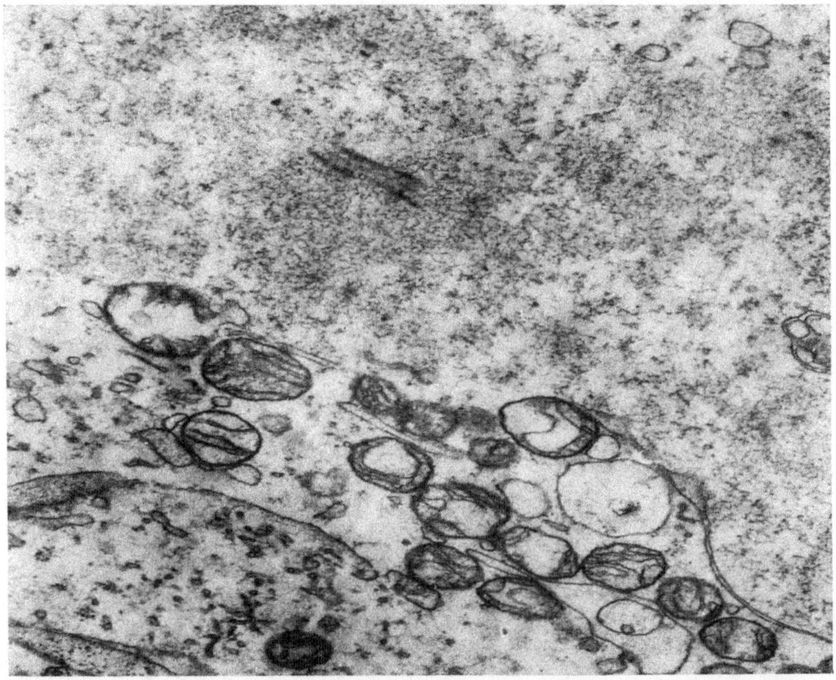

Abb. 2. Synaptischer Komplex im Kern einer jungen Oocyte. Die dichten axialen Elemente (lateral komponent) schließen den sog. „midaxial space" ein, der das zentrale Element enthält. Fix. OsO₄, Kontrastierung PbO, Einbettung Vestopal W. Vergr. 35000fach

Freie Vesikel des endoplasmatischen Reticulum finden sich häufig in der unmittelbaren Nachbarschaft der Mitochondrien. Die Zellmembran liegt den Membranen der flachen Follikelzellen dicht an und ist durch feine Desmosome stärker verankert. ADAMS und HERTIG schließen aus dem Bestand und Arrangement der Organellen auf einen reduzierten Stoffwechsel der Eizelle des Primordialfollikels (*maintenance metabolism*). Besondere Organellen*kombinationen* als Ausdruck funktioneller Beziehungen finden ADAMS und HERTIG (1964) in wenig älteren Stadien. Die Mitochondrien bilden dann an verschiedenen Stellen Rosetten um elektronendichte granuläre Körper oder liegen in enger Beziehung zu kurzen Ergastoplasmaschläuchen. Auch einzelne multivesiculäre Körper sind jetzt vorhanden. Der Zellkern enthält einen dichten, netzig strukturierten Nucleolus. Juxtanucleär liegt in den Zellen des wachsenden Primordialfollikels ein Areal aus kurzen Tubuli und Vesikeln verschiedener Größe. Dieses Lamellen-Vacuolen-Feld (Golgi-Elemente) entspricht nach Ansicht der Autoren dem lichtoptischen „Dotterkern" (Balbiani). Mit weiterer Vergrößerung der Oocyte wird das Lamellen-Vacuolen-Feld aufgelockert und nach der Zellperipherie verlagert.

In fetalen *menschlichen* Ovarien sind die jungen Oocyten durch ihre voluminösen runden Kerne und ihren Organellenbestand elektronenmikroskopisch leicht

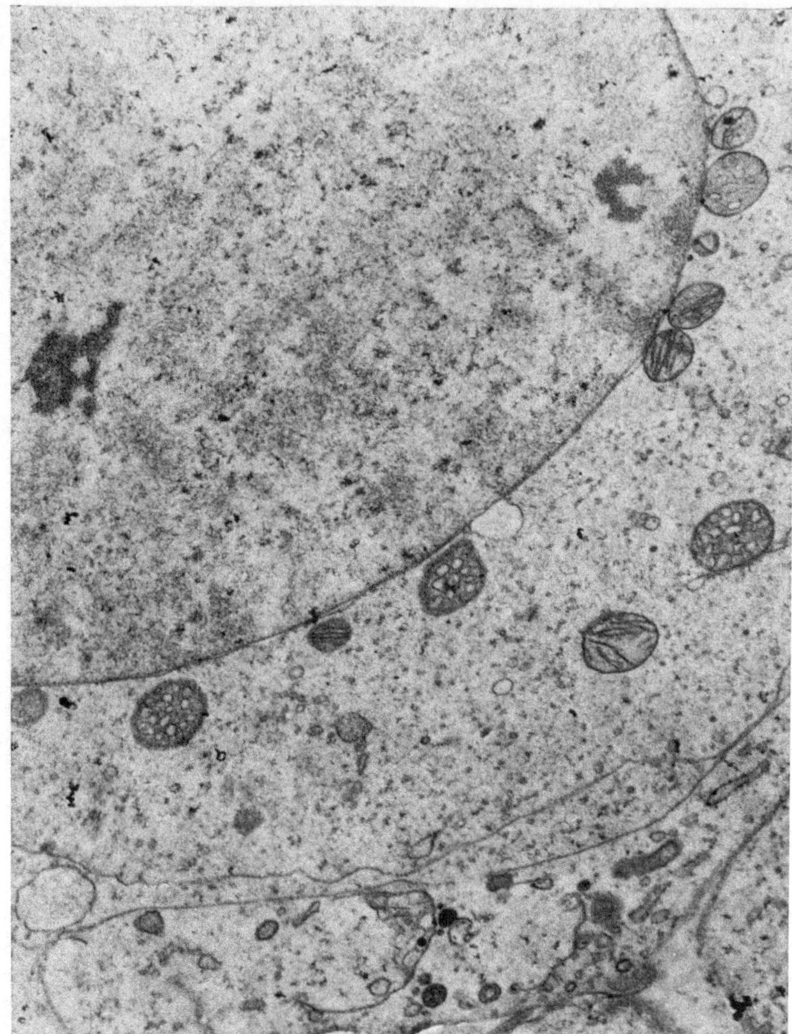

Abb. 3. Junge Oocyte aus dem Ovar eines 15 cm langen menschlichen Feten. Neben Mitochondrien sog. multivesiculäre Körper im Cytoplasma. Der Kern enthält kleine Nucleolen von reticulärem Bau. Fix. OsO₄, Kontrastierung Uranylacetat und KMnO₄, Einbettung Vestopal W. Vergr. 15000fach

von den anderen spezifischen Elementen der Gonade, insbesondere den Prägranulosazellen zu unterscheiden (Abb. 1).

Die Zellgröße der Oocyten liegt am osmiumfixierten Präparat zwischen 12 und 18 μ. Die Kerne messen im Durchschnitt 10 μ. Die Kernmembran besteht aus zwei parallel verlaufenden Blättern, die in großen Abständen unregelmäßig verteilte Poren aufweisen. Das Karyoplasma ist feingranulär und an vielen

Stellen wolkig verdichtet. Im Zentrum der Verdichtungsbezirke findet man bei höherer Auflösung Längs- und Querschnitte durch konjugierte Chromosomen (synaptische Komplexe) (Abb. 2).

Das Organellensortiment der jungen Oocyte hat noch nicht die Vielfalt der reifen Eizelle. Die Mitochondrien sind vom lamellären Typ, 0,4—0,6 µ groß, rund oder oval und umgeben den Zellkern in einer konzentrischen einschichtigen

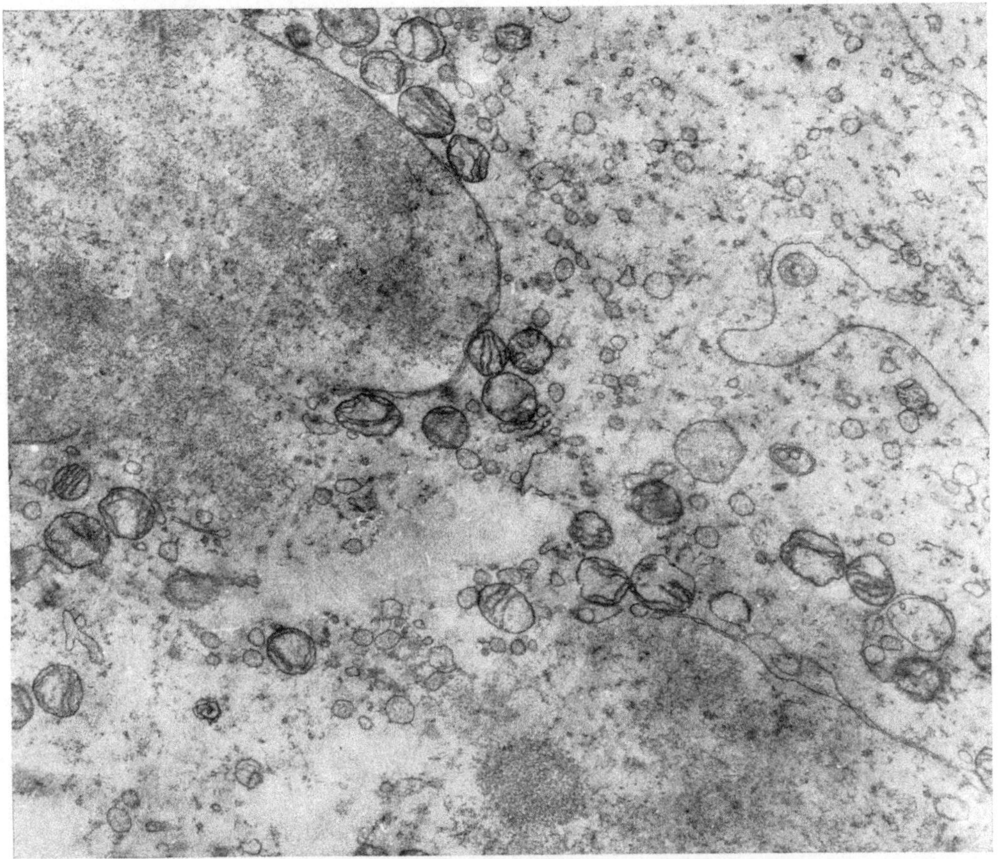

Abb. 4. Restitution der Kernmembran in der Telophase bei einer geteilten Ooogonie. Ansammlung von Bläschen und Bildung von tubulären Membraneinheiten um die Chromosomen. Fix. OsO₄, Kontrastierung PbO, Einbettung Vestopal W. Vergr. 19200fach

Lage (Abb. 1). Diese Ordnung ist typisch, wenn auch nicht obligat, für die junge prämeiotische Oocyte. Das endoplasmatische Reticulum besteht aus freien teils „leeren", teils mit feinkörnigem Material angefüllten Bläschen. Freie Ribosomen sind stark verteilt. Nur wenige der menschlichen Eizellen enthalten sog. multivesiculäre Körper (Abb. 3). Ihre Größe entspricht der der Mitochondrien. Mitochondrien mit blasigen Erweiterungen der Leistenlamellen lassen vermuten, daß eine direkte Umwandlung von Mitochondrien in multivesiculäre Körper durch Vesiculation der Cristae mitochondriales im Zuge der Degeneration möglich ist. Die typischen multivesiculären Körper der Mäuseoocyte sind wesentlich kleiner als die Mitochondrien (Abb. 25 s. S. 44).

Kleine Golgifelder mit dicht gepackten Lamellen gehören zum regelmäßigen Bestand der Oocyte.

In den Ovarien von 4 und 5 Monate alten Feten finden sich neben „ruhenden" Urgeschlechtszellen mit konsolidierten, porenarmen Kernmembranen und

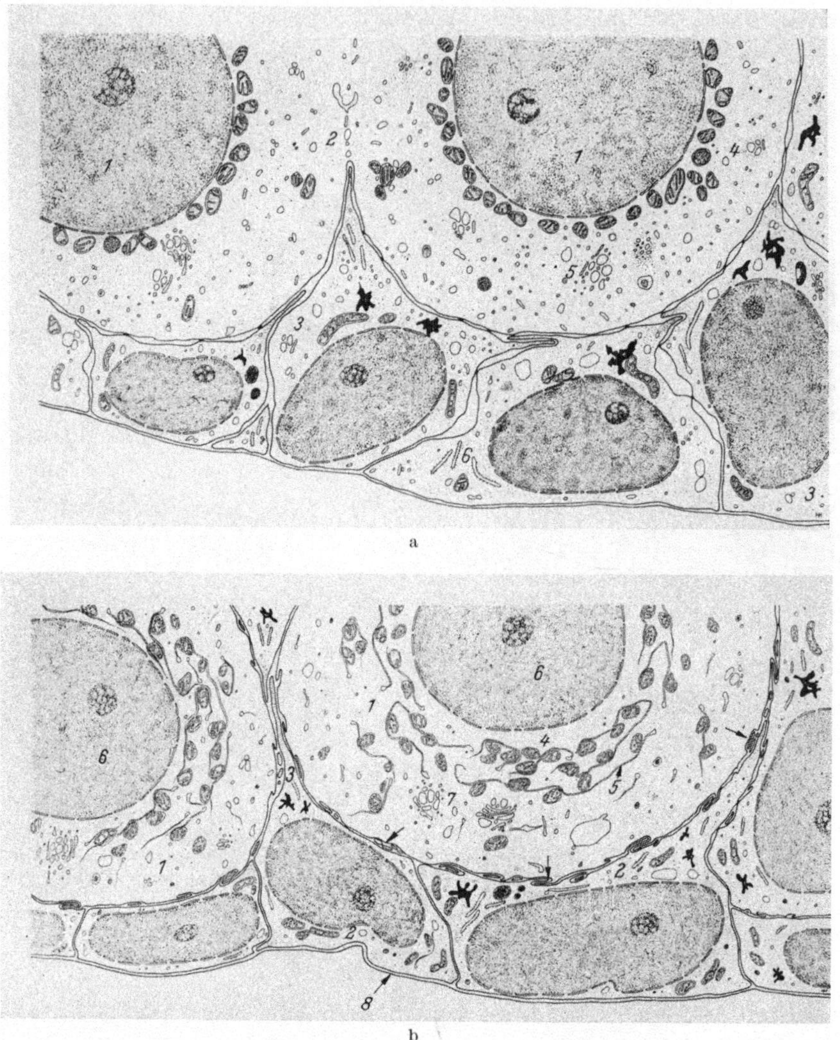

Abb. 5a u. b. Halbschematische Darstellung der Oogonienteilung im Ovar eines 15 cm langen menschlichen Feten. Fortsätze der Follikelzellen dringen in den Spalt der noch unvollständig geteilten Oogonien (a). Sie spielen offenbar eine aktive Rolle bei der endgültigen Trennung der Tochterzellen. b Die Teilung ist vollendet, die flachen Follikel zellen ordnen sich zur geschlossenen Schale um die Oocyten. Aus: Stegner, H.-E., und H. Wartenberg, Arch. Gynäk. **199** (1963)

typischer perinucleärer Mitochondrienschale, zahlreiche Oogonien in verschiedenen Phasen der Kern- und Cytoplasmateilung. In der Prophase zerfällt die Kernmembran vollständig in Bläschen. Im Zuge der Rekonstruktion der Kernmembran in der Telophase sammeln sich zunächst isolierte Bläschen und kurze Tubuli um die Chromosomen (Abb. 4). Diese Elemente für den Aufbau der Kernmembran wandeln sich an verschiedenen Abschnitten der Chromosomenperipherie in längere Doppellamellen um und vereinigen sich schließlich zur geschlossenen Hülle. Zu-

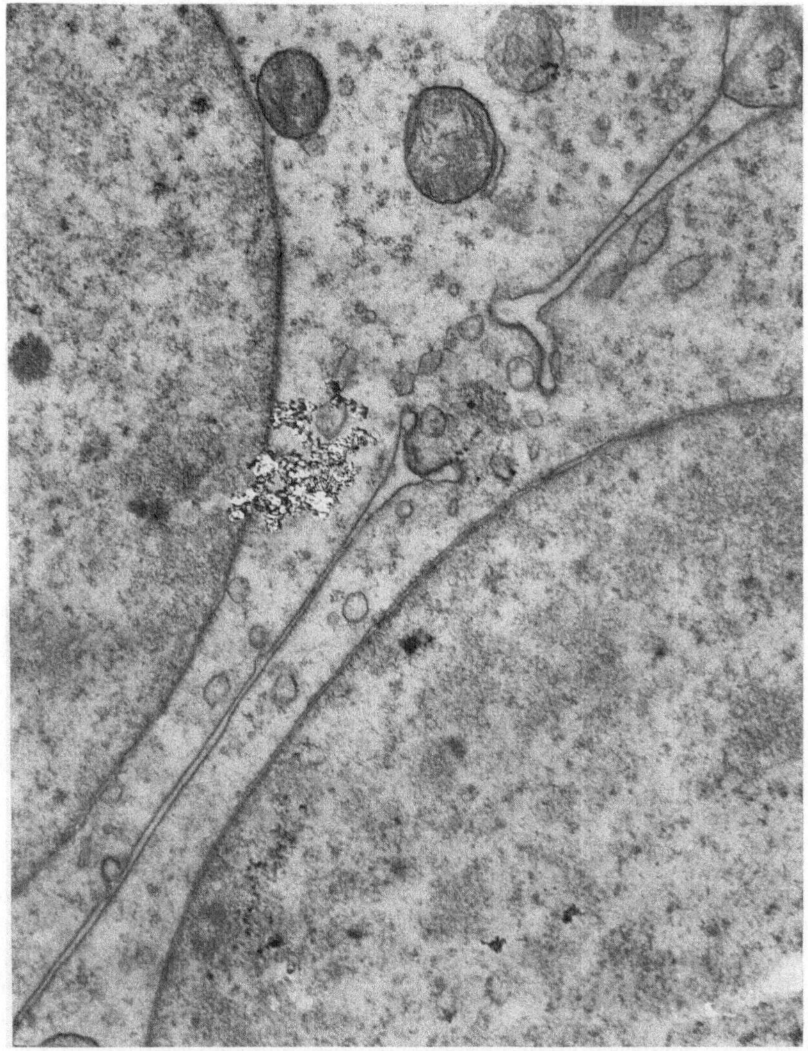

Abb. 6. Cytoplasmabrücke (Fusom) zwischen zwei Oogonien im Ovar eines 15 cm langen menschlichen Feten. Fix. OsO₄, Kontrastierung Uranylacetat und KMnO₄, Einbettung Vestopal W. Vergr. 25000fach. Aus: STEGNER, H.-E., u. H. WARTENBERG, Arch. Gynäk. **199** (1963)

ammens mit den Bläschen finden sich immer Anhäufungen von Mitochondrien, die den neugebildeten Membraneinheiten dicht anliegen.

Die Cytoplasmateilung wird durch lineare Aufreihung endoplasmatischer Bläschen eingeleitet, die durch Verschmelzung die künftigen Zellgrenzmembranen bilden. Cytoplasmafortsätze der Follikelzellen spielen anscheinend eine aktive Rolle bei der endgültigen Trennung der Oogonien (Abb. 5a und b).

Die Zerlegung der Eiballen ist nicht immer vollständig. Während die Kernteilung bei der Oogonienvermehrung keine Abweichungen vom bekannten formalen Ablauf der Mitose zeigt, konnten Wartenberg (1962) sowie Stegner und Wartenberg (1963) bei der Cytoplasmateilung einen besonderen Modus beobachten, der eine Parallele in der letzten Spermatogonienteilung hat (Fawcett u. a., 1959). In beiden Fällen ist nach regelhafter mitotischer Kernteilung die Cytoplasmatrennung unvollständig, so daß die Tochterzellen durch eine schmale Brücke symplasmatisch verbunden bleiben (Abb. 6). Solche Intercellularbrücken

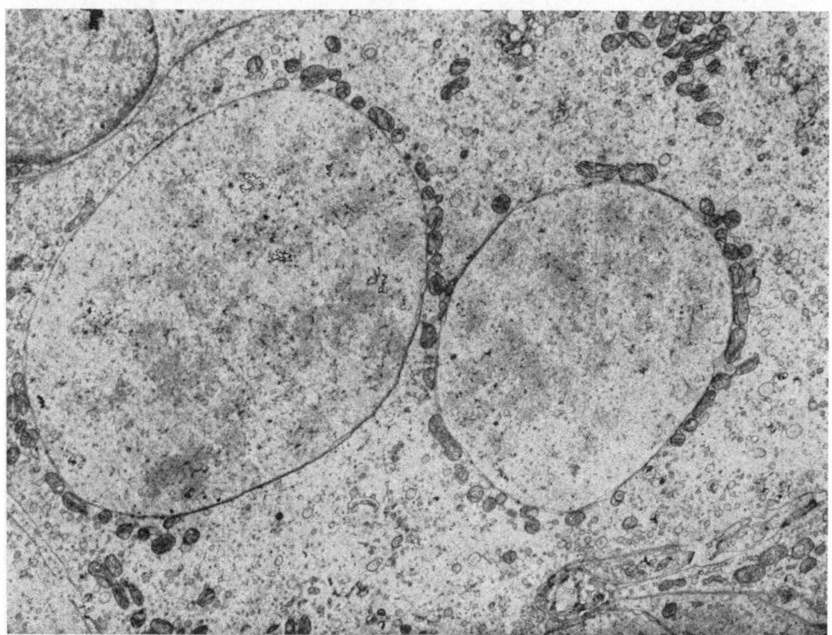

Abb. 7. Doppelkernige junge Oocyte im Ovar eines 15 cm langen menschlichen Feten. Fix. OsO₄, Kontrastierung mit Uranylacetat und KMnO₄, Einbettung in Vestopal W. Vergr. 8750fach. Aus: Stegner, H.-E., u. H. Wartenberg, Arch. Gynäk. **199** (1963)

(Fusome) sind im Ei-Nährzellverband verschiedener Tierarten gefunden worden (King, 1960; Meyer, 1961; Bier, 1963). Sie ermöglichen dort den Übertritt von Nährstoffen und vermutlich auch von Zellorganellen. Nach Bier (1963) soll die zur Dotterproteinsynthese notwendige Messenger-RNS bei Insekten in den Kernen der Nährzellen gebildet werden und über die Zellbrücken in die Oocyte gelangen. Bei der erwähnten Spermatogonienteilung und den darauf folgenden Reifeteilungen bleiben die Zellen durch sog. Fusome verbunden, so daß in geometrischer Reihe eine Kette von acht Präspermatiden aus einer Spermatogonie entsteht. Erst mit Beginn der Spermiohistogenese werden die Zellen unter Mitwirkung von Cytoplasmafortsätzen der Sertoli-Zellen endgültig getrennt.

Aus unseren Befunden bei der Oogonienteilung ist nicht zu entnehmen, ob ein ähnliches Prinzip der Oktettbildung befolgt wird. Auf jeden Fall finden sich aber über längere Zeit persistierende Verbindungen von zwei und mehr Eizellen. Die Cytoplasmabrücken sind in der Regel sehr schmal, könnten aber einen Austausch von Organellen ermöglichen. Daß auch die Cytoplasmateilung nach

der Mitose *völlig* unterbleiben kann, ist seit langem bekannt (Abb. 7). Doppelkernige Eizellen (twin ova) sind in reifen Ovarien von Säugern und Mensch kein
seltener Befund (s. WATZKA, 1957).

2. Der Feinbau der wachsenden Eizelle

Mit fortschreitendem Wachstum der Eizelle erhöht sich die Zahl der Mitochondrien (BLANCHETTE, 1960; bei der *Ratte*). Die Mitochondrien sind vom
lamellären Typ. Ihre Armut an Cristae mitochondriales in jungen Eizellen wird
als Zeichen der Unreife gedeutet. Die Vermehrung geht mit dem Auftreten

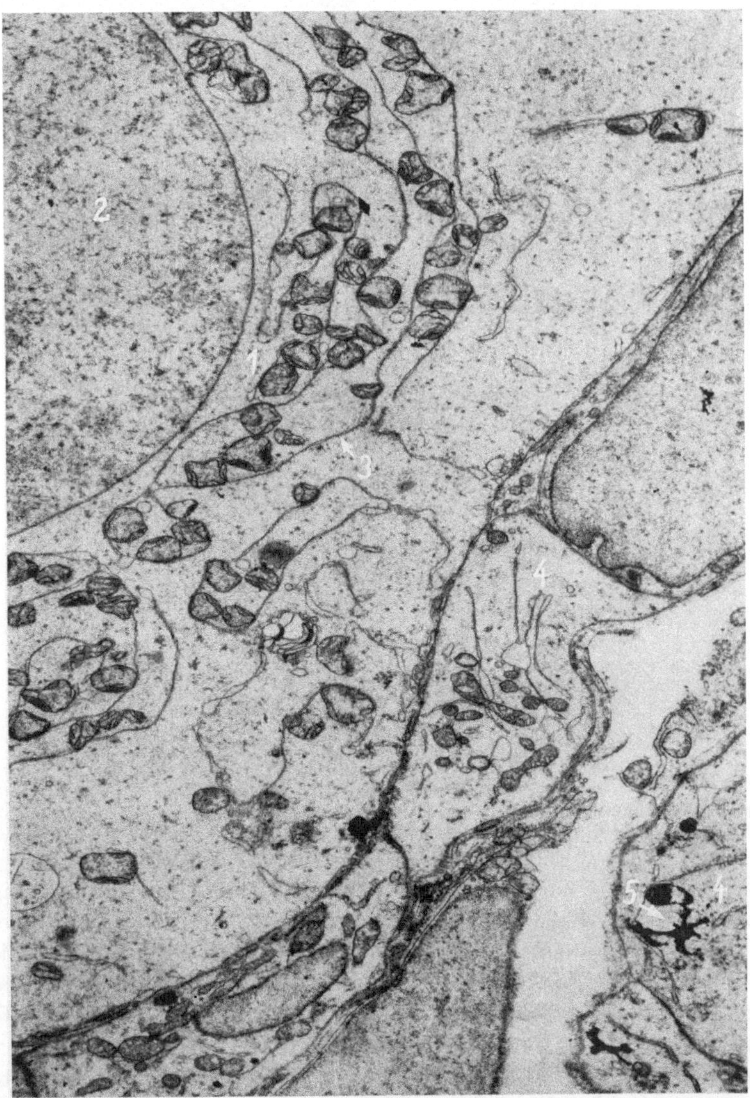

Abb. 8. Primordialei eines 6 Monate alten menschlichen Feten. Die Mitochondrien sind in der wachsenden Eizelle
in konzentrischen Schalen um den Kern angeordnet, die mit Doppellamellen alternieren. Fix. OsO₄, Kontrastierung
Uranylacetat und KMnO₄, Einbettung Vestopal W. Vergr. 10000fach. Aus: STEGNER, H.-E., u. H. WARTENBERG,
Arch. Gynäk. **199** (1963)

modifizierter Formen einher. Einschnürungen der Mitochondrienkörper geben Hinweise auf die Möglichkeit einer Duplikation. Kleine ovale Formen mit angedeuteten Cristae werden von YAMADA u. a. (1957), BLANCHETTE (1960), ANDERSON und BEAMS (1960), ODOR (1960) in Ratten- und Mäuseoocyten als Mitochondrien*vorstufen* beschrieben. Nach diesen Autoren kommt der Neubildung aus

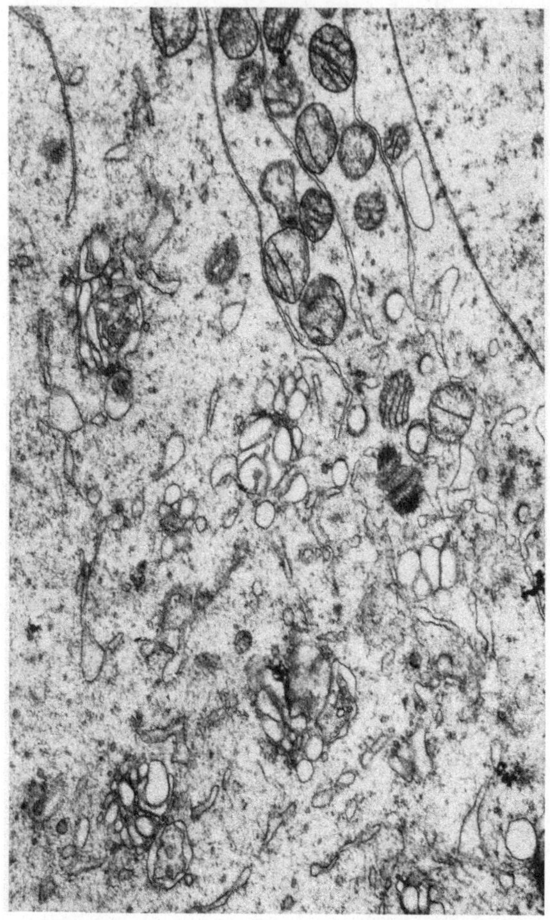

Abb. 9. Cytozentrum mit Centrosom im perinucleären Bereich einer wachsenden Eizelle (6 Monate alter Fet). Fix. OsO$_4$, Kontrastierung Uranylacetat und KMnO$_4$, Einbettung Vestopal W. Vergr. 25000fach
Aus: STEGNER, H.-E., u. H. WARTENBERG, Arch. Gynäk. **199** (1963)

undifferenzierten Vorstufen größere Bedeutung zu als einer Vermehrung durch Duplikation. Bei der *Ratte* und *Maus* sind die Mitochondrien in den Eizellen der Primärfollikel unregelmäßig über das Ooplasma verteilt. In Primärfollikeln des *Meerschweinchens* finden ADAMS und HERTIG (1964) dagegen umschriebene Anhäufungen, z. T. mit rosettenförmigem Arrangement um elektronendichte Granula. Langgestreckte Formen mit fibrillären Innenstrukturen werden als spezielle Varianten beschrieben (ANDERSON und BEAMS, 1960; ADAMS und HERTIG, 1964). In Primärfollikeln des Meerschweinchens liegen die Mitochondrien häufig in einem Schlingenwerk ergastoplasmatischer Doppellamellen. Zwischen den Ergastoplasmaschläuchen finden sich runde Einschlüsse mit feingranulärem Inhalt.

Die bevorzugt randständige Lokalisation der Zellorganellen, die Vielzahl der Rindenvacuolen und die reiche Gliederung der Oberflächenmembran sind Ausdruck eines erhöhten Stoffangebotes und binnenzelligen Stofftransportes in dieser Entwicklungsphase.

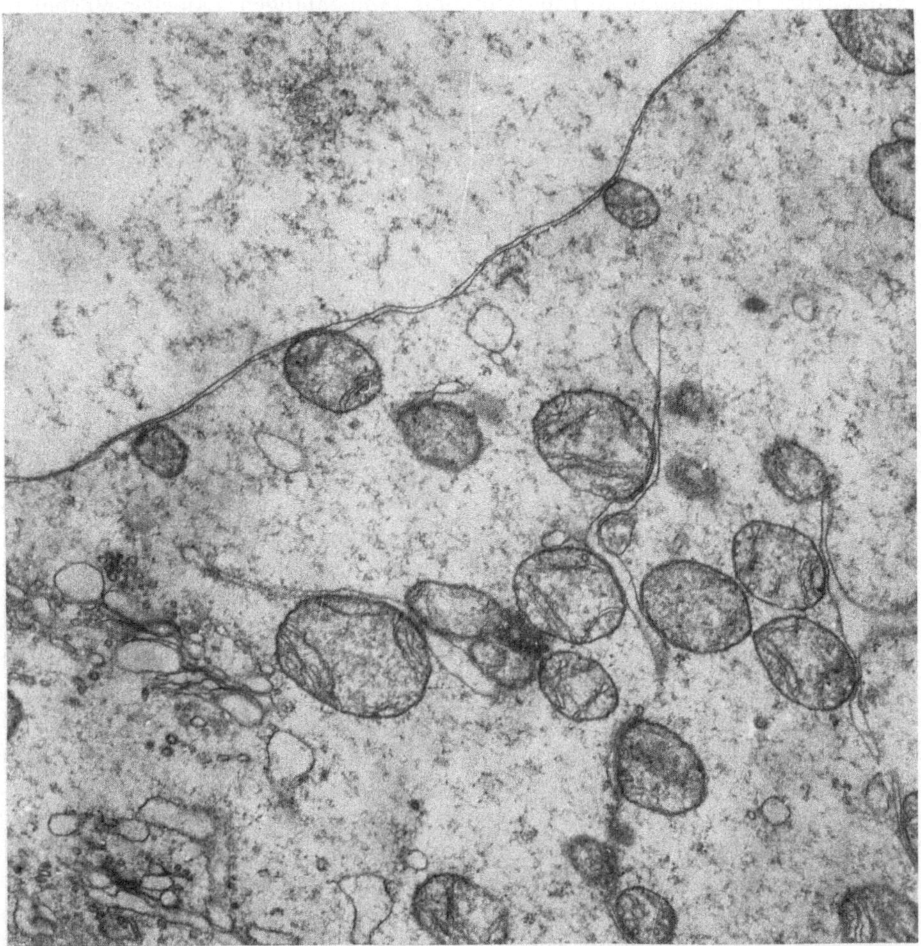

Abb. 10. Eizelle eines Primärfollikels des Kaninchens. Die unterschiedlich großen Mitochondrien liegen häufig in engem Kontakt zu endoplasmatischen Doppellamellen, die zisternale Erweiterungen erkennen lassen. Oben links perinucleäre Lamellen-Vacuolenfelder (Golgi). Fix. OsO_4, Kontrastierung PbO, Einbettung Vestopal W. Vergr. 28000fach

Die Wachstumsphase der Eizellen ist nicht nur durch eine Volumenzunahme mit proportionaler Vermehrung der Organellen, sondern durch grundlegende Veränderungen im Organellenmuster und -sortiment ausgezeichnet. In ca. 30 µ großen *Primordialeiern* des Menschen haben die Mitochondrien an Zahl zugenommen und umgeben den Kern in drei bis vier konzentrischen Schalen, die durch lange „glatte" Doppellamellen voneinander getrennt sind (Abb. 8). Während die Mitochondrien der Oogonie rund-oval sind und dicht gepackte, schräg oder längs orientierte lamelläre Cristae enthalten, sind die Mitochondrien der jungen Oocyte von irregulärer Form; ihre Innenleisten bilden flache, der Wand anliegende Bögen. Ähnliche sternförmige Figuren wurden von Blanchette in Primäreiern der Ratte beschrieben.

Bei günstiger Schnittführung ist in den jungen Oocyten ein juxtanucleäres Cytozentrum mit zentralem Diplosom und randständigen Lamellen-Vacuolen-Feldern sichtbar (Abb. 9). Das Cytozentrum unterbricht die perinucleäre Lamellen-Mitochondrien-Schale. Die Entwicklung zum *Primärfollikel* ist mit einer erneuten Umgruppierung der Organellen in der Oocyte verbunden. Das konzentrische Lamellen-Mitochondrien-System ist aufgehoben. Die Mitochondrien sind jetzt unregelmäßig über das Cytoplasma verteilt. Sie liegen vereinzelt oder in Gruppen, aber immer noch in enger Verbindung zu Doppelmembranen, die allerdings kürzer geworden sind und cisternale Auftreibungen erkennen lassen (Abb. 10). Die Lamellen-Vacuolen-Felder in der unmittelbaren Nachbarschaft des Kernes haben an Ausdehnung zugenommen. Die perinucleäre Mitochondrienschale des Cytozentrums wird auf mehrere Lagen verbreitert und durch zirkulär verlaufende Doppellamellen ergänzt.

Das Cytozentrum ist in den Eizellen verschiedener Avertebraten der Mittelpunkt des hochorganisierten Dotterkernes. Parastrukturen von verschiedener Zusammensetzung bilden eine periphere Mantelzone und variieren den Bau dieses heterogenen Körpers bei den einzelnen Species. Im Dotterkern der Spinnenoocyte (Sotelo und Trujillo-Cenoz, 1957) und bei Mollusken (Rebhuhn, 1961) besteht die Mantelzone aus Mitochondrien und Doppellamellen. Adams und Hertig (1964) haben bereits auf die Ähnlichkeit der Lamellen-Mitochondrien-Felder in Meerschweincheneiern mit der basophilen Mantelzone des Spinnendotterkernes hingewiesen. Der Gedanke liegt nahe, daß es sich um analoge Zellstrukturen handelt mit unterschiedlichem binnenzelligen Arrangement. Auch Wartenberg (1965) kommt aufgrund vergleichender Untersuchungen an Amphibieneizellen zu dem Schluß, daß die perinucleäre Lamellen-Mitochondrienschale in jungen menschlichen Eizellen als Parastruktur des Dotterkernes anzusprechen ist und eine funktionelle Bedeutung für die Vitellogenese hat. Obgleich es in der Säugeroocyte nicht zur Bildung organisierter Dotterplättchen kommt, sehen wir doch in spezifischen Transformationsvorgängen der Mitochondrien funktionell vergleichbare, aber abortive Prozesse (s. Kapitel VII). Die Umwandlung der Mitochondrien in Speicherformen, die mit Reduktion der Cristae und Verdichtung der Matrix einhergeht, beginnt bereits in den Primordialeiern des Menschen zusammen mit der Ausbildung des Mitochondrien-Lamellen-Systems. In den größeren Mitochondrien wird das Leistensystem zunehmend reduziert und die Grundsubstanz vermehrt. Es bahnen sich damit die ersten Gestaltsveränderungen an, die zur Bildung der sog. „rund-ovalen" Körper führen, wie wir sie in reifen Oocyten als spezielle Modifikationen der Mitochondrien beschrieben haben (Wartenberg und Stegner, 1960, 1960/61; Stegner und Wartenberg, 1961; s. Kapitel VII).

Gegenüber den Mitochondrien und endoplasmatischen Lamellen treten andere definierte Zellorganellen in der Eizelle des Primär- und Sekundärfollikels an Zahl zurück. Multivesiculäre Körper und Lipoidtropfen sind in diesen Stadien außerordentlich selten.

Die Eizelle des *Primärfollikels* enthält erstmals sog. *Rindengranula*. Austin (1957) hat sie lichtmikroskopisch frühestens in Sekundärfollikeln des Goldhamsters nachweisen können. Ihre Beteiligung an der sog. Zonareaktion wird in Kapitel VIII diskutiert. Beim Meerschweinchen fällt ihr erstes Auftreten in eine Phase erhöhter Oberflächenaktivität, die sich in der Bildung zahlreicher Mikrovilli und der Ansammlung pinocytotischer Bläschen äußert. Nach der Ansicht von ADAMS und HERTIG sind die Rindengranula Materialreserven für die wachsende Zellmembran. Gelegentlich werden sie von Golgi-Körpern umgeben, deren Entwicklung ebenfalls im Stadium des Primärfollikels einsetzen soll.

3. Follikelatresie

Follikelatresie ist in allen Phasen der Oogenese zu beobachten. Die Follikeldegeneration betrifft Granulosazellen und Eizelle gleichsinnig aber anscheinend nicht synchron. Frühveränderungen sind mit lichtmikroskopischen Methoden nicht verläßlich zu erkennen. Diese Schwierigkeit gibt Anlaß zu verschiedenen Ansichten über die zuerst betroffenen Strukturen. Während CLARK (1923) meint, daß die Rückbildung der Eizelle die Regression des Follikelapparates nach sich zieht, beginnt nach ASAMI (1920) die Degeneration in den Follikelzellen.

Neben den bekannten lichtmikroskopischen Kriterien der Kerndegeneration (Pyknose, Fragmentation, Schrumpfung der Kernmembran, abnorme Amitosen u. a.) werden auch „parthenogenetische" Teilungen intrafollikulärer Eier als Zeichen der Regression gewertet. Die Cytoplasmaveränderungen bestehen in Verklumpungen der Organellen und starker Fetteinlagerung (CLARK, 1923; GRESSON, 1933), Vacuolisation des Cytoplasmas und der Dotterplättchen (KAMPMEIER, 1929; ALLEN u. a., 1930), Zerstörung der Zellmembranen (HARRISON, 1948), Ablagerung von kristallartigen Konkrementen (CESA-BIACHI, 1906; BRAMBELL, 1927; ENGLE, 1927; GRESSON, 1933; MARTINEZ-ESTEVE, 1942) sowie Schrumpfung der Zona pellucida (HEDBERG, 1953).

Ähnliche Veränderungen werden auch für die Follikelzellen beschrieben, die mit Einsetzen der Atresie ihre Teilungsfähigkeit verlieren. Der Epithelverband wird dissoziiert. Die Basalmembran verdichtet sich zu einem hyalinen Band (KAMPMEIER, 1929). Bindegewebszellen beginnen in den Verband des Follikelepithels einzuwandern, auch Elemente der oft hypertrophischen Theka interna können in die Membrana granulosa eindringen. Die letztgenannten Veränderungen sind allerdings schon Zeichen einer fortgeschrittenen Atresie.

Mit dem Elektronenmikroskop sind degenerative Prozesse am Organellensystem wesentlich früher zu erfassen, obgleich Fixierungseinflüsse auch hier zu Fehldeutungen führen können. In den meisten Darstellungen der Feinstruktur von Eizellen verschiedener Entwicklungsstadien wird auf Rückbildungsvorgänge nur am Rande eingegangen.

BELTERMANN (1965) beobachtet in Primärfollikeln von 3 Tage alten Mäusen filamentäre Strukturen im Ooplasma, die zu Fibrillen gebündelt sind und eine periodische Querstreifung erkennen lassen (Abb. 11). Sie sind unregelmäßg im Cytoplasma verstreut. Die Querstreifung besteht aus hellen und dunklen Linien mit einer Periodik von 170 und 80 Å. Mit dem Auftreten dieser Filamente sind auch die ersten degenerativen Veränderungen an den Mitochondrien zu erkennen. BELTERMANN hält die Fibrillen für Gelierungsprodukte vorher im Cytoplasma gelöster Proteine. HOPE (1965) hat entsprechende Gebilde auch in den Eizellen von *Macacus rhesus* beobachtet, ihre Bedeutung aber nicht diskutiert. SCHWARZ (1964) deutet ähnliche Strukturen in Fibroblasten als Zeichen der physiologischen Zellalterung.

Mit fortschreitender Atresie wird das Oolemma nivelliert. Im Ooplasma treten reichlich Lipoidtropfen auf, die endoplasmatischen Lamellen quellen auf; die Zahl der Ribosomen wird reduziert. Zu einem Zeitpunkt, in dem die Strukturen der Eizelle bereits deutliche Rückbildungserscheinungen aufweisen, sind die Follikel-

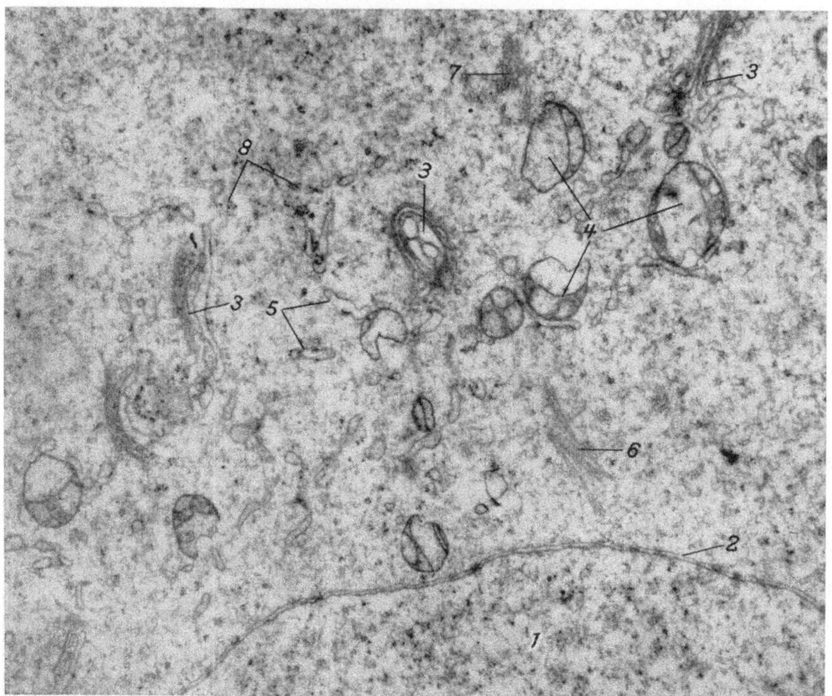

Abb. 11. Oocyte einer 16 Tage alten Maus. Beginnende Follikelatresie. Regressiv veränderte Mitochondrien sowie filamentäre Strukturen (Proteide?) im Ooplasma. *1* Nucleus, *2* Kernmembran, *3* „gekrümmte" Lamellen-Vacuolenfelder (Golgi), *4* degenerierte Mitochondrien, *5* Reticulumbläschen, *6* längsgetroffene Filamente, *7* quergetroffene Filamente, *8* Ribosomen. Fix. Glutaraldehyd. Vergr. 17000fach. Aus: BELTERMANN, R., Arch. Gynäk. **200** (1965)

zellen noch unverändert. Lediglich die zum Oolemma ziehenden Zellfortsätze werden zurückgezogen. BELTERMANN schließt aus seinen elektronenmikroskopischen Befunden auf eine primäre Degeneration der Eizelle mit nachfolgender Rückbildung des follikulären Apparates. Histochemische Untersuchungen stützen diese Vorstellung (s. zusammenfassende Darstellung von INGRAM, 1962).

In Oogonien und jungen degenerierenden Oocyten des menschlichen Ovars sind periodisch gegliederte Filamente bisher nicht gefunden worden. Gröbere Proteinkristalle sahen wir gelegentlich in Eiern atretischer Tertiärfollikel (WARTENBERG und STEGNER, 1960/61). Sie waren in jedem Falle mit anderen deutlichen Zeichen der Regression kombiniert. In einem von ZAMBONI u. a. (1966) elektronenmikroskopisch untersuchten befruchteten Ei des Menschen waren vereinzelt Einschlüsse zu beobachten, die ein hexagonales Kristallisationsmuster bilden. Das Ei befand sich im Stadium der Vorkerne und wies keine Zeichen einer Degeneration

auf. Wegen der Ähnlichkeit mit den kristalloiden Dotterpartikeln des Averte-
brateneies vermuten ZAMBONI u. a., daß es sich bei den kristalloiden Einschlüssen
der menschlichen Oocyten um Dottersubstanzen handelt.

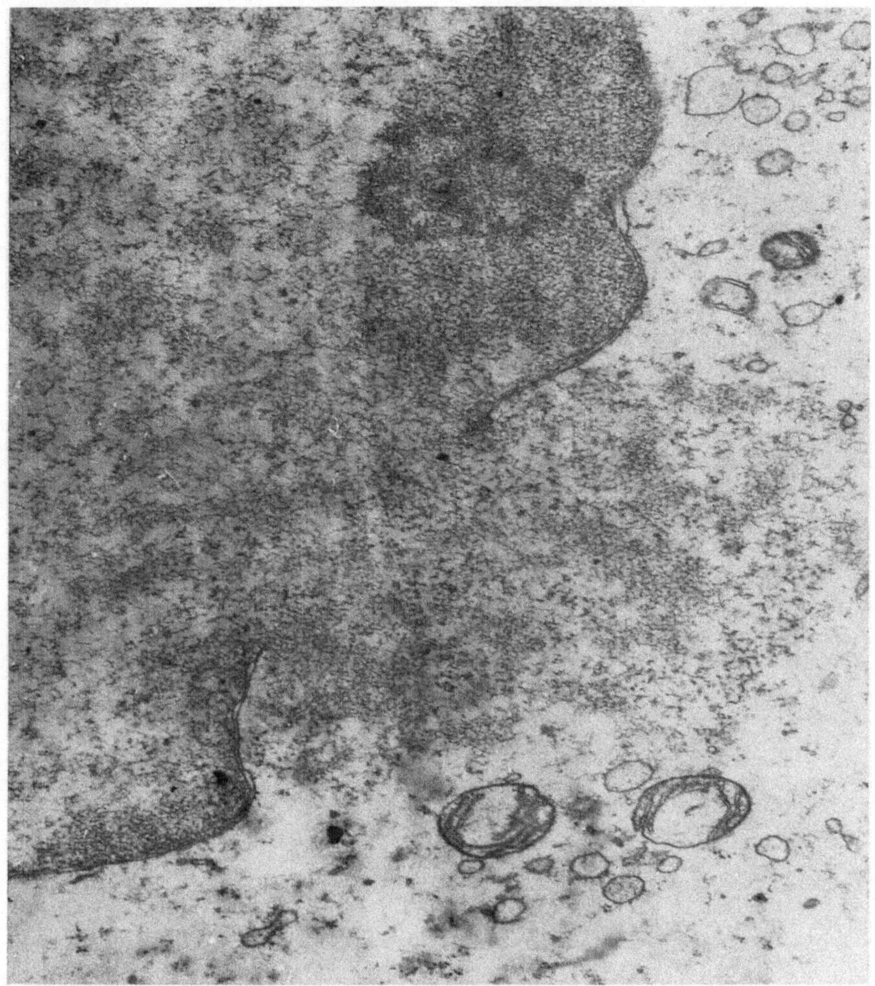

Abb. 12. Ausstoßung von Kernsubstanz durch einen Defekt der Kernmembran einer degenerierenden Oogonie.
Fix. OsO₄, Kontrastierung PbO, Einbettung Vestopal W. Vergr. 27 000fach

In *degenerierenden* Oogonien legt sich die Kernmembran in Falten, der intermembranöse Spalt wird buchtig erweitert. An verschiedenen Stellen ist die Kernmembran aufgebrochen, und Kernsubstanz wird in einer granulären Wolke in das
Cytoplasma ausgestoßen (Abb. 12). Der Gehalt an Zellorganellen ist reduziert.
Freie Lamellenbruchstücke liegen verstreut im Cytoplasma.

Die Oocytenatresie kann auch mit einer Vermehrung von Vesikeln einher-
gehen, die dicht gedrängt zwischen den diffus verteilten Mitochondrien liegen
(Abb. 13, vacuoläre Degeneration). Die Mitochondrien zeigen Fragmentation der

Cristae und der Hüllmembranen. Der Erhaltungszustand des Follikelepithels ist meist besser als der des Eies.

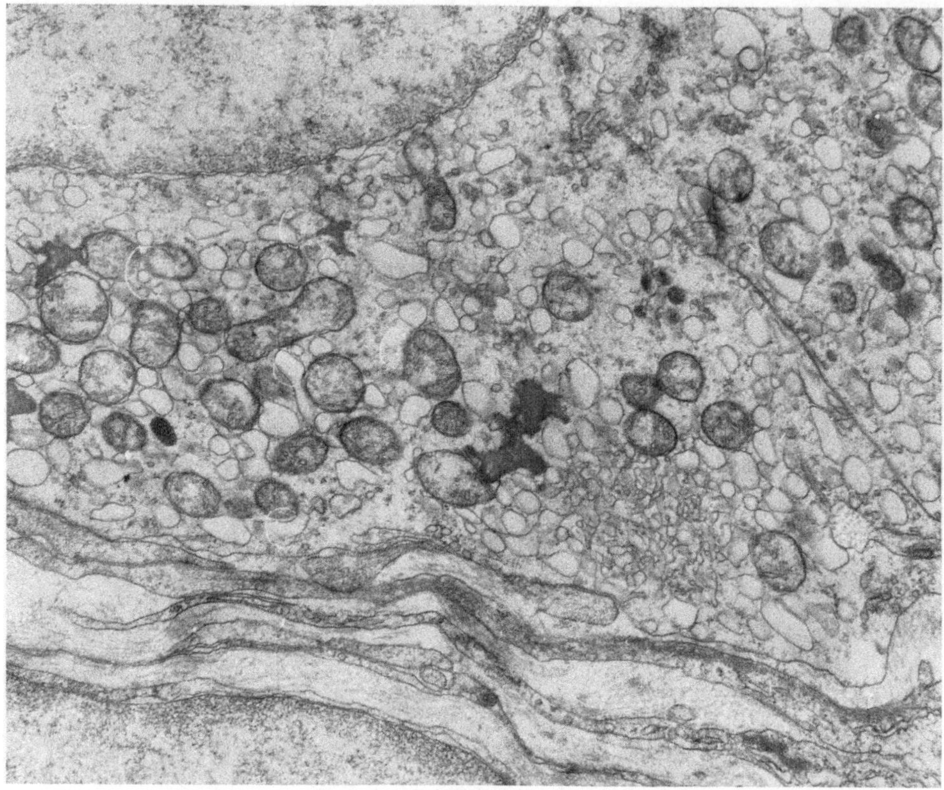

Abb. 13. Vacuoläre Degeneration der Eizelle im Primärfollikel eines geschlechtsreifen Kaninchens. Erweiterung des perinucleären Spaltes der Kernmembran. Ablagerung von Lipoiden im stark ,,vacuolisierten'' Cytoplasma. Septenartige Einfaltung der Zellmembran. Fix. OsO$_4$, Kontrastierung PbO, Einbettung Vestopal W. Vergr. 24 000fach

IV. Der Follikelapparat

1. Die geweblichen Beziehungen der Eizelle zum Follikelepithel

Die Eizelle ist im Ovar in den Verband epithelialer Zellen eingegliedert. Die Reifung geht mit charakteristischen Veränderungen des Follikelapparates parallel. Die follikuläre Eibildung ist für Vertebraten und Säugetiere typisch. Die mesodermalen Follikelzellen entstehen in der sog. neogenen Zone der Keimdrüsenanlage, die nach Grünwald (1934) einer Innenschicht des Keimepithels entspricht. Im Verlaufe der Oogenese bilden sie ein mehrschichtiges geschlossenes Epithellager um die Oocyte. Alle von außen der Eizelle zugeführten Nährstoffe müssen die Basalmembran und den Intercellularraum des Follikelepithels passieren, soweit sie nicht in den Follikelzellen selbst metabolisiert und in spezifische Sekretionsprodukte umgewandelt werden. Für die Stoffzufuhr haben die histologischen Beziehungen von Ei- und Follikelzellen besondere Bedeutung. Der ursprünglich innige Kontakt wird durch die Entstehung der Eihüllen aufgehoben.

Ein Zusammenhang bleibt lediglich durch cytoplasmatische Fortsätze der Follikelzellen, die die breite Zona pellucida radiär durchziehen und am Oolemma verhaftet sind. Die gröberen davon sind im Lichtmikroskop sichtbar und seit langem bekannt (FLEMMING, 1882: „radiäre Streifung"). Aus den lichtmikroskopischen Befunden wurde auf eine symplasmale Verbindung beider Zellarten geschlossen, die eine direkte Zufuhr von Nahrungsmaterial ermöglichen soll. WOTTON und VILLAGE (1951) wollen im Katzenei den direkten Übertritt von Lipoiden beobachtet haben. Nach CHIQUOINE (1960) dienen die Cytoplasmafortsätze der Beförderung nicht diffusionsfähiger Nahrungsstoffe. SHETTLES (1957, 1960) sieht im Phasenkontrastmikroskop dicke schlauchförmige Fortsätze, die sich in das Cytoplasma der Eizelle oder in den perivitellinen Spalt öffnen, um Nahrungsstoffe einzuschleusen. Dieser Vorgang soll durch einen Pumpmechanismus, der zur Kontraktion der Follikelzelle führt, erleichtert werden. Aus der submikroskopischen Struktur der Follikelzelle ergibt sich aber weder ein Anhalt für direkte syncytiale Verbindungen zur Eizelle noch für einen kontraktilen binnenzelligen Apparat. Die Zellfortsätze erweisen sich elektronenmikroskopisch als cytoplasmatische Verstrebungen von Ei- und Follikelzelle. KEMP (1958) hat derartige intercelluläre Protoplasmabrücken bei Repräsentanten aller Vertebratenklassen nachweisen können. Grundsätzlich übereinstimmende elektronenmikroskopische Befunde über den Feinbau dieser Fortsätze wurden von CHIQUOINE (1960) bei verschiedenen Säugern, YAMADA u. a. (1957) bei der *Maus*, TRUJILLO-CENOZ und SOTELO (1959), MERKER (1961) beim *Kaninchen*, SOTELO und PORTER (1959), ODOR (1960), FRANCHI (1960) bei der *Ratte*, ANDERSON und BEAMS (1960), ADAMS und HERTIG (1964) beim *Meerschweinchen*, WARTENBERG und STEGNER (1960) sowie STEGNER und WARTENBERG (1961) beim *Menschen* erhoben. Feine Haftplatten (Desmosome) verbinden die Zellfortsätze mit dem Oolemma, zum Teil sind die knopfartig verdickten Enden der Fortsätze in muldenförmige Vertiefungen der Oocytenmembran eingegraben. In jedem Falle bleiben die Grenzmembranen beider Zellen erhalten. Auch in den von PRESS (1964) beschriebenen Transosomen des Vogeleies — einer speziellen Modifikation der Follikelzellfortsätze — ist eine Kontinuität von Follikelzell- und Eizellplasma nicht sicher nachzuweisen.

In seltenen Fällen besitzen die Follikelzellen cilienartig gegliederte Zellfortsätze (Abb. 14). BJÖRKMAN (1962) findet rudimentäre Cilien im Granulosaepithel reifer Rattenfollikel. ADAMS und HERTIG (1964) beobachten sie in den Primordialfollikeln des Meerschweinchens, HOPE (1965) bei *Macacus rhesus*. Es handelt sich dabei offenbar um die abortive Realisation einer Differenzierungspotenz, die auch bei Fibroblasten und glatten Muskelzellen auftreten kann (SOROKIN, 1962).

Eindeutige Hinweise auf eine Stoffpassage durch die Cytoplasmafortsätze sind elektronenmikroskopisch nicht gefunden worden. Die apikale Differenzierung widerspricht der Vorstellung einer direkten Ausschleusung geformten Materials. Der Stoffaustausch *per diffusionem* ist submikroskopisch nicht faßbar. Die Gliederung der Eizelloberfläche durch Mikrovilli und die periphere Ansammlung von Vesikeln geben aber Hinweise auf eine lebhafte Stoffaufnahme durch Mikropinocytose (ODOR, 1960; ANDERSON und BEAMS, 1960; BLANCHETTE, 1961). Nach den Untersuchungen von HOPE, HUMPHRIESS und BOURNE (1963), BRACHET (1960) und WARTENBERG (1964) ist anzunehmen, daß auf dem Blutwege zugeführte Stoffe größtenteils unter Umgehung der Follikelzelle die Eioberfläche über den Intercellularraum erreichen. Dort liegen sie zunächst in Krypten des Oolemmas (pits), die durch Abschnürung (Membranvesiculation) das angelagerte Material dem Ooplasma einverleiben (Mikropinocytose). Im Moskitoei besitzen die Pinocytosebläschen einen Durchmesser von ca. 140 mμ (Roth und Porter, 1964); in der Amphibienoocyte sind sie ca. 100 mμ groß (Wartenberg, 1962). Es ist bisher unklar, ob die Follikelzelle spezifische, für den Aufbau der Dotter-

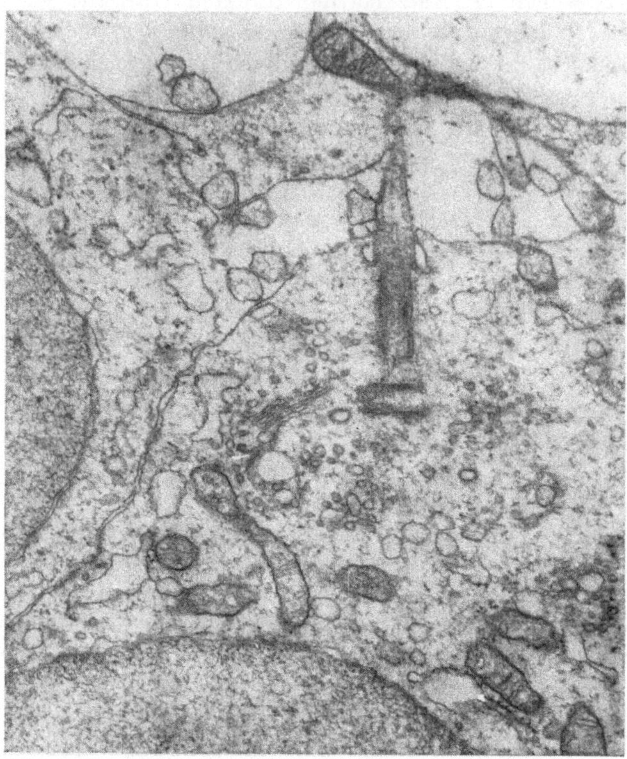

Abb. 14. Diplosomenpaar in einer Follikelepithelzelle des Kaninchens. Die Diplosomen sind senkrecht zueinander gelagert. Das obere bildet die Basalstruktur eines Ciliums. Fix. OsO₄, Kontrastierung PbO, Einbettung Vestopal W. Vergr. 28 000fach

substanzen notwendige Eiweiße bildet. Bier (1963) konnte autoradiographisch eine hohe RNS-Umsatzrate in den Follikelzellen ermitteln, deren Maximum aber nicht mit dem Höhepunkt der Vitellogenese in der Eizelle zusammenfällt. Die Eiweißbildungsrate, gemessen an der Inkorporation von markierten Aminosäuren unterliegt nach den Untersuchungen von H. G. Müller (1962, 1964) beim Kaninchen im Laufe der Eizellentwicklung charakteristischen Veränderungen. Die Wachstumsphasen der Oocyte gehen jeweils mit erhöhter Eiweißneubildung in der Eizelle *und* dem Granulosaepithel einher; dabei erreicht aber die Proteinbildung in der Eizelle nie die Höhe des Eiweißumsatzes der umgebenden Follikelzellen. Im Tertiärfollikel enthält besonders die Eizellperipherie im Autoradiogramm einen dichten Silberkornsaum. Zwischen ihm und der intensiven Schwärzung des Granulosaepithels findet sich ein aufgehellter Ring, der der Zona pellucida entspricht. Beide Schwärzungsmaxima werden durch kettenartig aneinandergereihte Silberkörner verbunden. MÜLLER vermutet, daß es sich um synthetisierte markierte Proteine handelt, die über die Zellfortsätze der Corona radiata-Zellen der Oocyte zugeführt werden.

2. Funktionen und Feinbau des Follikelepithels und der Theka interna

Zahlreiche spezifische Stoffwechselleistungen werden aufgrund experimenteller Befunde in die Zellen des Follikelepithels verlegt. Rückschlüsse von der Feinstruktur auf die Berufsfunktion sind nur mit größtem Vorbehalt möglich, da zahlreiche Teilfunktionen miteinander konkurrieren. Zur Frage der Beteiligung des Follikelepithels am Aufbau der Zona pellucida wird im Kapitel V Stellung genommen. Durch die Synthese der Ovarialsteroide gewinnt das Follikelsystem über die lokale supportive Funktion bei der Entwicklung der Oocyte hinaus eine grundsätzliche Bedeutung für die endokrine Regulation des weiblichen Organismus. Für die Produktion der Oestrogene sind sowohl die Granulosazellen (KINGSBURY, 1939; WALLART, 1939; GILLMANN, 1942; KYANK, 1949; STIEVE, 1949; SAMUELS und REICH, 1952; FEKETE, 1953) als auch die Zellen der Theka interna (MOSSMAN, 1937; CORNER, 1938; STAFFORD, 1942; DEANE und BARKER, 1952) und die interstitiellen Zellen (ZONDEK und ASCHHEIM, 1926; GELLER, 1930; LEVINE und WITSCHI, 1933; WESTMAN, 1934; DEMPSEY und BASSET, 1943; DEMPSEY und WISLOCKI, 1944; HUMPHREY und ZUCKERMAN, 1954; McKAY und ROBINSON, 1947; ROCKENSCHAUB, 1950, 1951; BURKL und KELLNER, 1954; FETZER u. a., 1955; WESTMAN, 1958) verantwortlich gemacht worden. Jüngere Untersuchungen mit unterschiedlichen experimentellen Methoden lassen vermuten, daß die Biosynthese der oestrogenen Hormone eine gemeinsame Funktion verschiedener Zellen des Follikelapparates ist. FALCK (1959) kann in isolierten Zellen des Rattenovars in keinem Falle eine Oestrogenbildung nachweisen. Dagegen zeigen kombinierte Zelltransplantate von Theka- bzw. interstitiellen Zellen mit Granulosa-Luteinzellen einen deutlichen Oestrogeneffekt am gleichzeitig als Indikator übertragenen Scheidenepithel. FALCK weist auf die histogenetische Verwandtschaft der Theka- und interstitiellen Zellen einerseits und der Granulosa- und Luteinzellen andererseits hin. Keine der vier definierten Zellarten allein ist anscheinend zur Oestrogenbildung befähigt und erst die Partnerschaft von je einer Zellart beider „Systeme" ermöglicht die Umsetzung der Steroide bis zu den Oestrogenen.

Die Art der funktionellen Beziehungen der Zellen im Hormonbildungsgang ist unbekannt. Es wird vermutet, daß die Granulosazellen aktivierende Stoffe für die Oestrogenbildung in der Theka interna liefern oder das Ausgangsmaterial für die Oestrogensynthese in Form von Progesteron oder anderen Zwischenstufen des Steroidmetabolismus bereitstellen. SHORT (1962) schließt aus quantitativen Hormonbestimmungen im Follikel und Corpus luteum der Stute, daß die Zellen der Theke interna die Steroide bis zu den Oestrogenen metabolisieren können. Dagegen haben die luteinisierten Granulosazellen kein ausreichendes Enzymsystem zur Umwandlung des Progesterons in 17-α-Hydroxyprogesteron. Im Granulosaepithel ist also eine Synthese der Steroide nur bis zum Progesteron möglich. BRANDAU und LUH (1964) schließen aus ihren histoenzymatischen Untersuchungen am menschlichen Ovar, daß die Oestrogenbildung überwiegend in der Theka interna der Tertiärfollikel und den Thekaluteinzellen der Corpora lutea stattfindet, die einen hohen Gehalt an glykolytischen und TPN-spezifischen Enzymen aufweisen. Enzymlokalisation und Histotopik der Lipoide (Dempsey und Basset, 1943; Dempsey und Wislocki, 1944; McKay und Robinson, 1947;

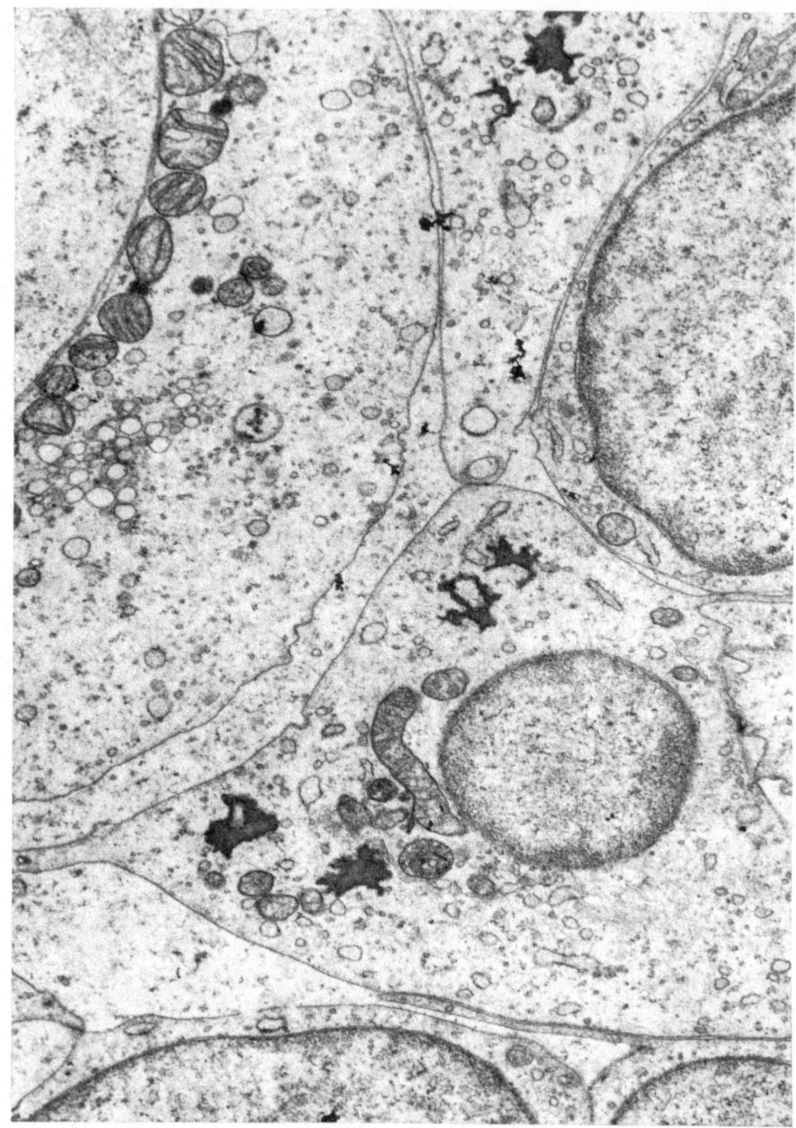

Abb. 15. Eizelle und Follikelzellen im Ovar eines 15 cm langen Feten. Links die Oogonie mit der dem Kern anliegenden Mitochondrienschale. Die Follikelzellen enthalten langgestreckte Mitochondrien und reichlich Lipoide. Sie umgreifen mit langen Cytoplasmafortsätzen die Oogonie. Fix. OsO_4, Kontrastierung Uranylacetat und $KMnO_4$, Einbettung Vestopal W. Vergr. 15000fach

McKay, Robinson und Hertig, 1949 sowie White u. a., 1951) stimmen weitgehend überein, d. h. die Zellelemente des Follikelapparates, die aufgrund ihres Enzymmusters zur Steroidsynthese prädestiniert sind, sind auch die Orte des

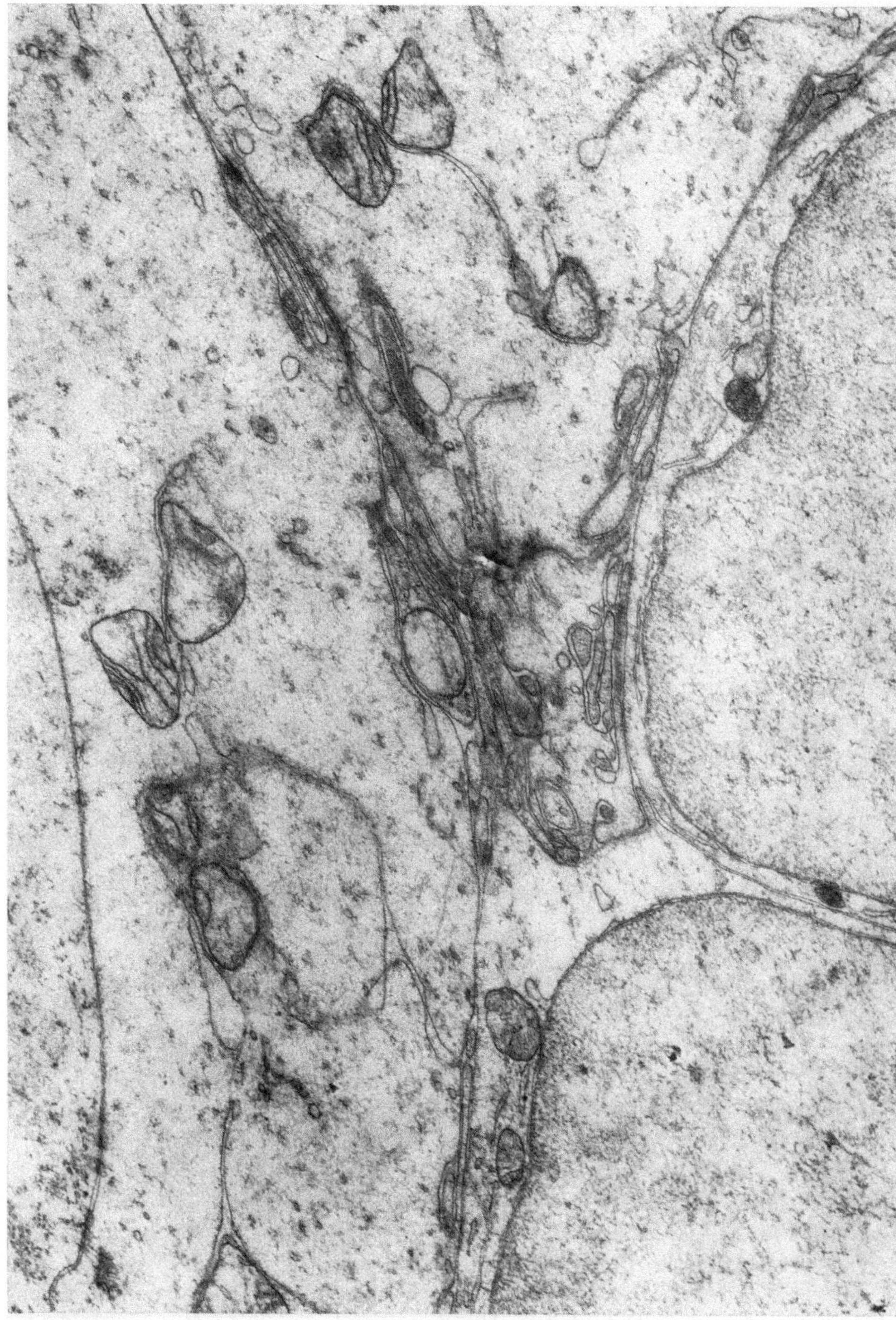

Abb. 16. Zellverbindung von Ei- und Follikelzellen im Primordialfollikel eines 6 Monate alten Feten. Starke „Verzahnung" der Zellmembranen. An einzelnen Stellen Desmosome. Keine Abscheidung zwischenzelliger Substanz. Fix. OsO$_4$, Kontrastierung Uranylacetat und KMnO$_4$, Einbettung Vestopal W. Vergr. 25000fach

Steroidnachweises unter der Voraussetzung, daß bei der Darstellung der Zelllipoide die spezifischen Steroide miterfaßt werden.

Im Ovar 3—5 Monate alter Feten werden die isolierten Oocyten von einer geschlossenen Lage flacher Follikelzellen umgeben. Die Zellgrenzen verlaufen parallel und sind in großen Abständen durch sehr feine Haftplatten miteinander verbunden. Morphologische Hinweise auf eine Sekretionsleistung der Follikelzellen

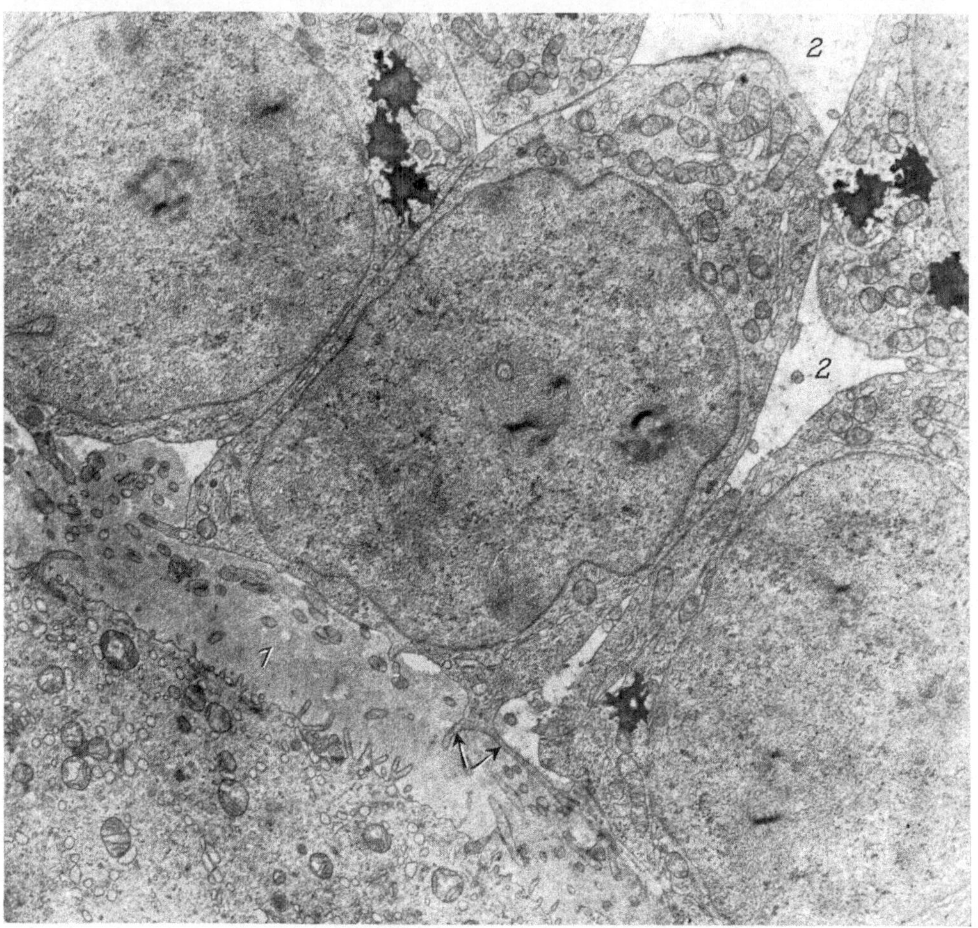

Abb. 17. Follikelzellen eines Sekundärfollikels der Maus. *1* Zona pellucida, *2* weite Intercellularräume, → Follikelzellfortsätze. Fix. OsO₄, Kontrastierung PbO, Einbettung Vestopal W. Vergr. 22 400fach

fehlen in diesem Entwicklungsalter; der Organellenbestand unterscheidet sich jedoch grundsätzlich von dem der Oocyte (Abb. 15). Das Cytoplasma enthält reichlich Lipoidkörper. Die Mitochondrien sind langgestreckt und manchmal verzweigt. Kurze, erweiterte Ergastoplasmaschläuche liegen zusammen mit freien Bläschen verstreut im Cytoplasma. Die Kerne sind zum Teil rund, in der Mehrzahl aber der ovalen Form genähert und eingebuchtet. Das Karyoplasma ist dichter als das der Eizelle,

Die *wachsende Eizelle* der Ovarien älterer Feten (ab Mens VI) ist von Follikelzellen umgeben, die Anzeichen eines erhöhten Metabolismus erkennen lassen. Das wird einmal an der Vermehrung ergastoplasmatischer Strukturen deutlich, die in langen Lamellen das Cytoplasma durchziehen, zum anderen in der Vergrößerung der Kernkörperchen. Der Kontakt zur Eizelle ist enger geworden. Die Zellmembranen sind stark miteinander verzahnt (Abb. 16). Eine Abscheidung zwischenzelliger Substanz (Zonamaterial) ist in Primordialfollikeln des fetalen Ovars nicht zu beobachten.

In mehrschichtigen Follikeln des Postfetalalters sitzt die basale Zellreihe einer kontinuierlichen elektronenmikroskopischen Basalmembran auf. Der Abstand zur Zellbasis beträgt 400 Å. Die Basalmembran zeigt Abspaltungen und lamelläre Faltung. Die basalen Zellen haben Zylinder- oder Pyramidenform und sind in einschichtigen Follikeln in der Regel eng aufgeschlossen, in mehrschichtigen weit voneinander abgerückt und nur durch schmale „Cytoplasmafüße" miteinander verbunden (Abb. 17). Die oberen Anteile der Zellen geben schlanke Fortsätze ab, die in die weiten Intercellularräume der darüber liegenden, stark dissoziierten Follikelzellen vordringen. Die zwischenzelligen Räume enthalten lockeres granuläres Material, das sich in den oberen Abschnitten in die dichtgranulierte Zonagrundsubstanz fortsetzt. Der Organellenbestand der Follikelzellen entspricht jetzt dem einer sekretorisch tätigen Zelle. Durch den unterschiedlichen Gehalt an freien Ribosomen entstehen „dunkler" und „heller" granulierte Zellen. In allen Zellen sind die großen längsovalen oder gelappten Kerne zirkulär von langen, mäßig erweiterten Ergastoplasmaschläuchen umgeben; dazwischen liegen multiple Bläschen des endoplasmatischen Reticulums und langgestreckte Mitochondrien. Lamellen-Vacuolen-Felder (Golgi-Körper) finden sich vorwiegend in den apikalen Zellabschnitten; häufig ist hier ein typisches Cytozentrum mit Centrosom vorhanden. In Primär- und Sekundärfollikeln sind sowohl abortive als auch „freie" Cilien und typische Centrosomen mit senkrecht zueinander liegendem Diplosomenpaar beobachtet worden (Abb. 14). Lipoide sind in den Follikelzellen nur in geringer Menge und bevorzugt in den basalen Zellabschnitten vorhanden.

In Granulosazellen des Kaninchenovars fallen runde, teils halbmondförmige Einschlüsse auf, deren Matrix aus feinkörnigem elektronendichten Material besteht. Sie ähneln den sog. „dense bodies", sind aber nicht von einer geschlossenen Membran umhüllt, sondern kalottenförmig von einer Membranduplikatur bedeckt, deren äußere Lamelle mit Ribosomen oder feinen Bläschen besetzt sein kann (Abb. 18). Die Natur dieser Einschlüsse ist unbekannt. Sie sind anscheinend Bildungszentren der feinkörnigen Substanz, die in die Umgebung ausgestreut wird. Wir halten sie für spezielle Modifikationen des Ergastoplasmas, die mit der Bildung des Zonamaterials betraut sind. Die apikalen Zellabschnitte und die Zellfortsätze sind an vielen Stellen mit feingranulärer Substanz angefüllt, die in Struktur und Dichte der Zonagrundsubstanz völlig gleicht und im Bereich von Membrandefekten mit ihr in Verbindung steht. Nach HADEK (1963a) (Abb. 19) wird auf diese Weise Zonasubstanz in den Intercellulärraum abgegeben. Es ist fraglich, ob die Abgabe der granulären Substanz in vivo durch derartige Öffnungen der Zellmembran erfolgt. Ein solcher Abgabemodus läßt sich nicht in das Schema der bisher bekannten Sekretionstypen einordnen. Wahrscheinlich handelt es sich um Membranaufreißungen bei der Fixation. Auffallend ist jedoch, daß sich die

Defekte immer nur an der Oberfläche der andernorts unversehrten Zellen finden. Eine gerichtete Sekretion der granulären Substanz ist daher wahrscheinlich, wenn auch der Abgabemodus noch nicht ausreichend geklärt ist.

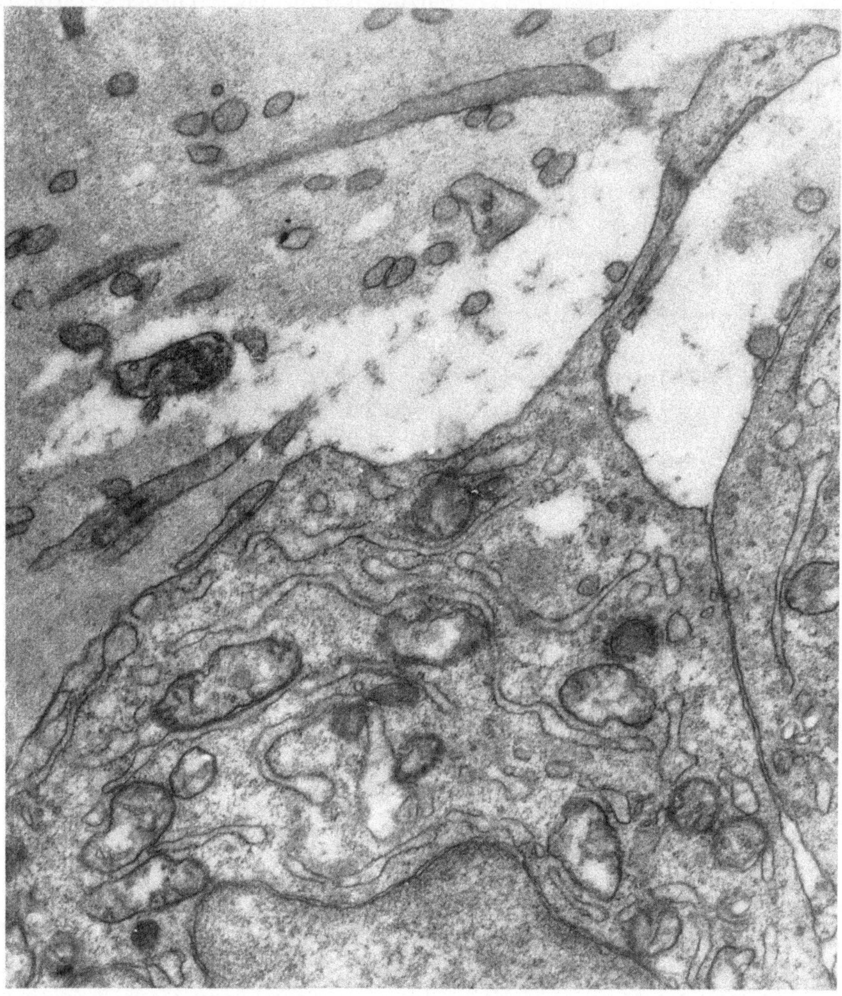

Abb. 18. Apikaler Bereich einer Follikelzelle. Sekundärfollikel des Kaninchens. Die Oberfläche gibt schlanke Zellfortsätze ab. Reichlich erweiterte Ergastoplasmaschläuche im supranucleären Abschnitt, rechts oben, nahe der Zellgrenze ein granuläres Aggregat mit kalottenförmiger Membranduplikatur; die äußere ist mit feinen Bläschen besetzt. Fix. OsO₄, Kontrastierung PbO, Einbettung Vestopal W. Vergr. 33000fach

Die *Theka interna* besteht bei Primär- und Sekundärfollikeln aus mehreren Lagen spindeliger Zellen. Sie besitzen sehr lange, spitz auslaufende Cytoplasmafortsätze, die sich den Fortsätzen benachbarter Zellen parallel anlegen und auf diese Weise mehrfache konzentrische Zellschichten um den Follikel bilden. Zwischen den Zellen liegt, soweit sie nicht direkt aneinander grenzen, fibrilläres Material. Wie die Follikelzellen sind auch die Zellen der Theka interna reich an Ergastoplasma und freien Ribosomen. Gut ausgebildete Golgi-Strukturen und

zahlreiche freie Bläschen sprechen für eine hohe Syntheseleistung der Zelle. Die
Mitochondrien sind rund oder oval und relativ groß. Auffallend ist der Reichtum
an Lipoiden, die beiderseits des Kernes Aggregate bilden, aber auch in den Zell-

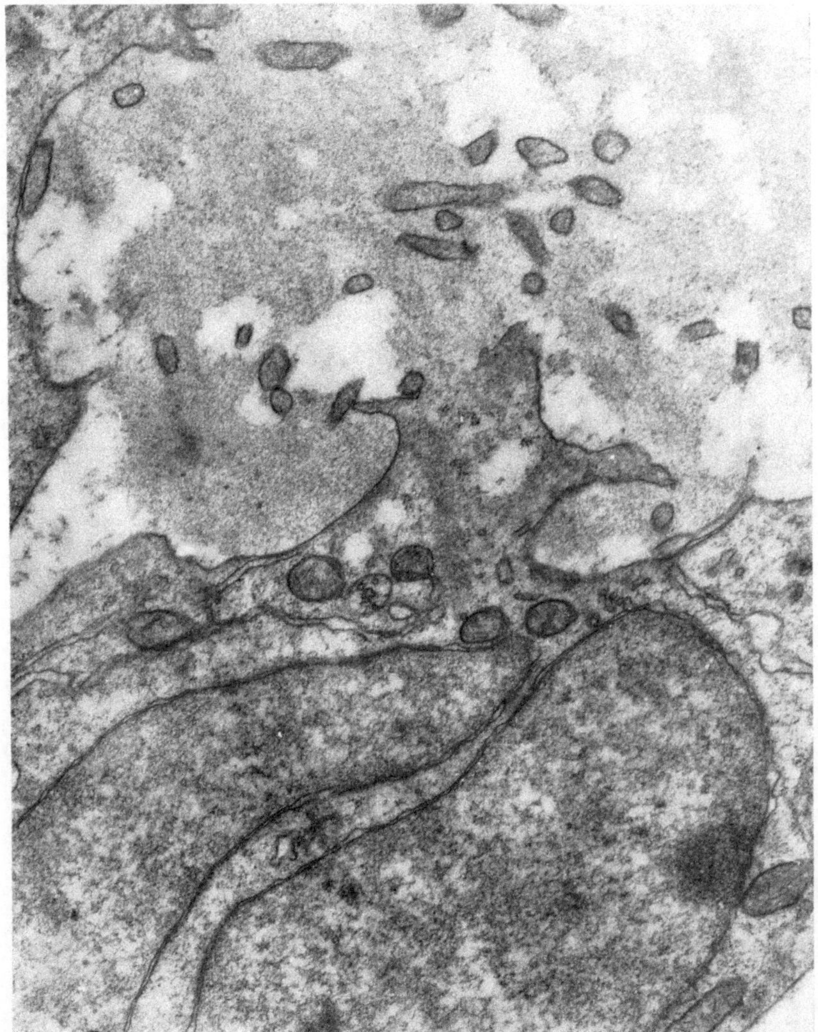

Abb. 19. Apikaler Bereich einer Follikelzelle. Im plumpen Zellfortsatz wolkiges Material, das in Struktur und
Dichte der Zonagrundsubstanz gleicht und durch Membrandefekte in den extracellulären Raum entleert wird.
Fix. OsO₄, Kontrastierung PbO, Einbettung Vestopal W. Vergr. 33000fach

fortsätzen angetroffen werden. Gelegentlich sieht man dort auch große „dense
bodies", die die Fortsätze auftreiben (Abb. 20).

Zum Formenkreis der Theka zählen auch die interstitiellen Zellen des Ovarialstroma. Nach STIEVE (1921, 1933), KINGSBURY (1939), BURKL und KELLNER
(1954) ist ihre Entfaltung mit Follikelatresie gekoppelt. Zu den Zwischenzellen
werden verschiedene lipoidhaltige Zellen des Ovarialstroma gerechnet, die zum

Teil einander ähneln, zum Teil aber auch erheblich voneinander abweichende
Strukturen besitzen. Die große Variabilität im Zeitpunkt ihres Auftretens, ihrer
Histotopographie und Zellstruktur lassen Zweifel aufkommen, ob es sich in jedem
Falle um homologe und gleichartig reagierende Bauelemente einer „interstitiellen

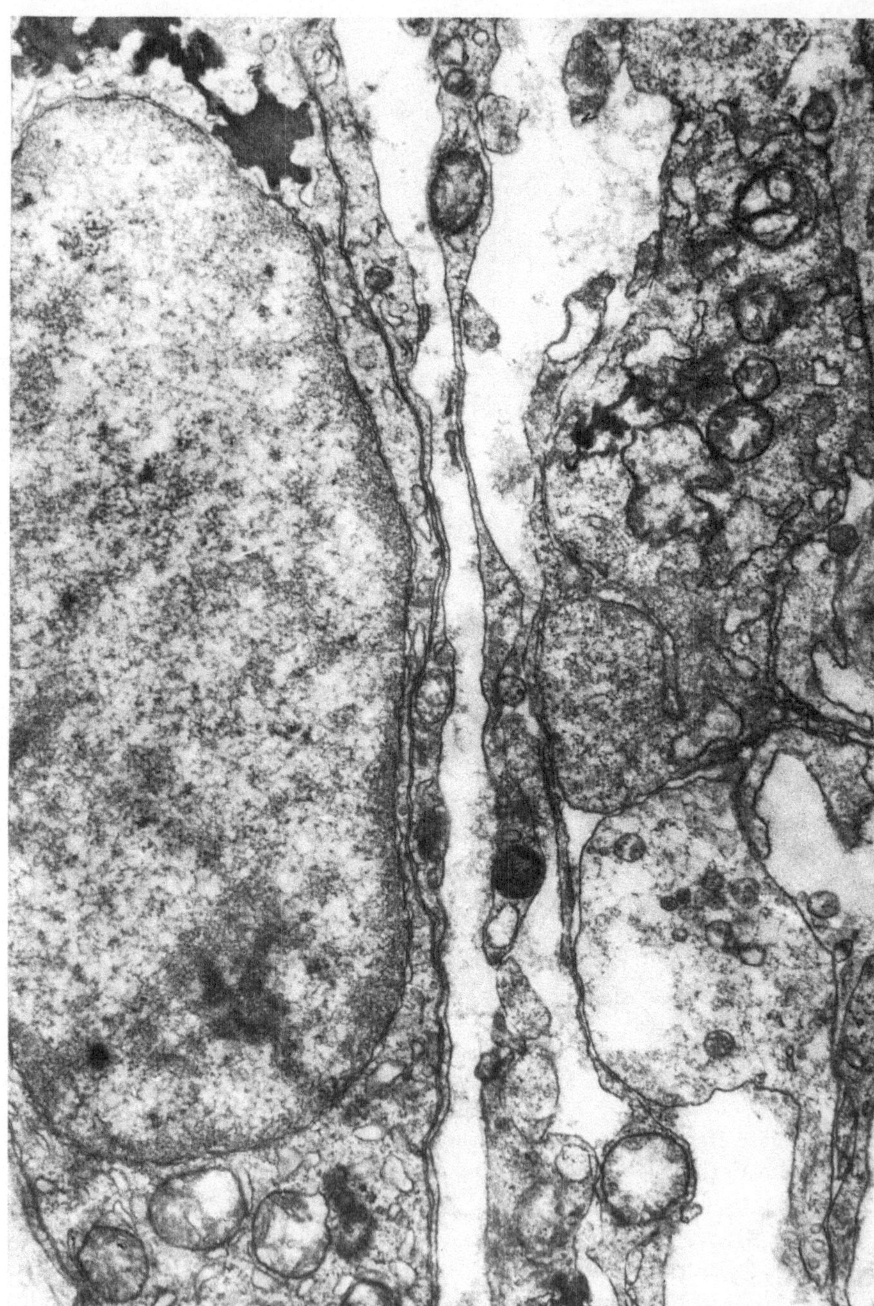

Abb. 20. Zellen der Theka interna aus einem Sekundärfollikel des Kaninchens. Die spindeligen Zellen enthalten ovale Kerne und Lipoidaggregate an den Kern-
polen. Lipoide und „dense bodies" liegen auch in den Cytoplasmafortsätzen. Fix. OsO₄, Kontrastierung PbO, Einbettung Vestopal W. Vergr. 22 400fach

Drüse" handelt. Nach Dawson und McCabe (1951), Rennels (1951) sowie
de Groodt-Lasseel (1963) u. a. ist die Genese der interstitiellen Zelle nicht ein-
heitlich. Bei der juvenilen Ratte entstehen „primäre" Zwischenzellen aus ein-
wachsenden Strängen des Keimepithels, während bei älteren Tieren „sekundäre"
Zwischenzellen von der Theka interna atresierender Follikel gebildet werden
(Rennels, 1951). Die Feinstruktur der interstitiellen Zellen ist bisher kaum unter-

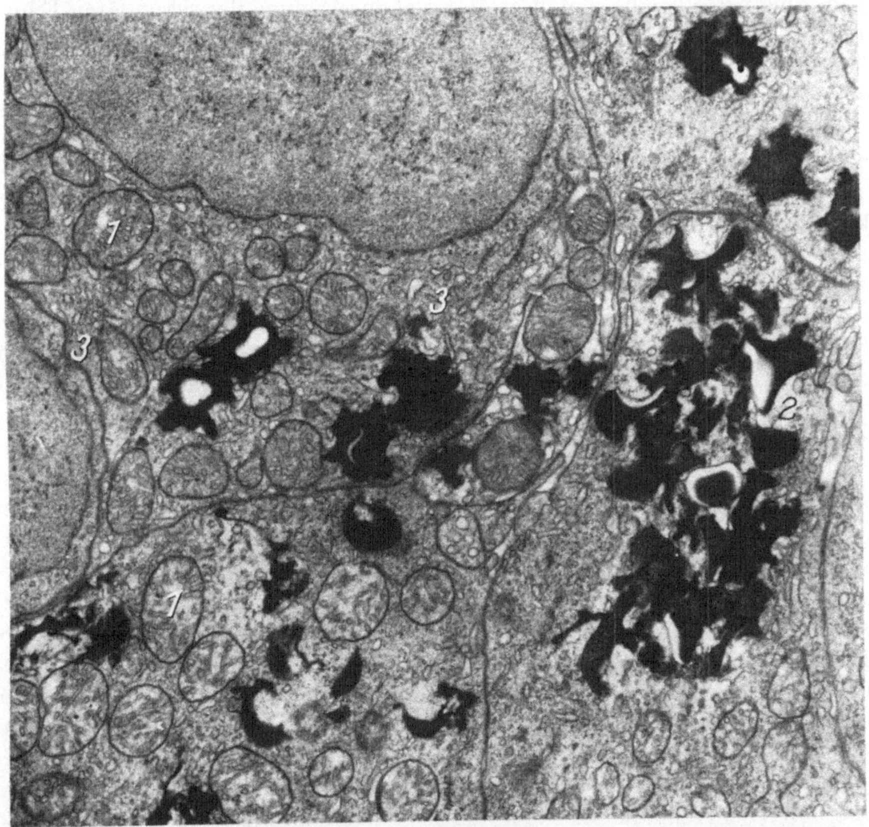

Abb. 21. Interstitielle Zellen im Ovar einer neugeborenen Maus nach Stimulierung mit Gonadotropinen. *1* große
tubuläre Mitochondrien, *2* Lipoidaggregate, *3* endoplasmatische Vesikel. Fix. OsO₄, Kontrastierung PbO,
Einbettung Vestopal W. Vergr. 22400fach

sucht. Im Ovar der Maus unterscheiden sie sich von den übrigen Elementen des
Stroma durch ihre Größe und ihren Lipoidreichtum. Mit den bereits bekannten
Feinstrukturen der Hodenzwischenzellen (Christensen, 1959; Fawcett u. Burgos, 1960; Crabo, 1963 sowie Schwarz u. Merker, 1965) haben sie die großen
tubulären Mitochondrien, das stark entwickelte endoplasmatische Membran-
system und den Lipoidreichtum gemeinsam (Beltermann u. Stegner, 1967;
Abb. 21). Sie enthalten keine lipochromen Pigmente wie die Leydig-Zellen.

V. Struktur und Bildung der Eihüllen

Während der Oogenese wird die Eizelle von konzentrischen Membranen verschiedener Konstitution umgeben. Sie stabilisieren die Oocyte nach ihrer Frei-

gabe aus dem Verband des Follikelepithels und haben spezielle Funktionen bei der Befruchtung und Nidation. KORSCHELT und HEIDER (1902, 1936) sowie WALDEYER (1906) unterscheiden nach histogenetischen Gesichtspunkten primäre, sekundäre und tertiäre Eihüllen. Zu den primären zählt neben der dünnen Dotterhaut (Membrana vitellina) — die mit dem Plasmalemm (Oolemma) identisch ist — auch die Zona pellucida der Säugeroocyten bzw. die Zona radiata der Avertebraten. Beide sollen Produkte der Eizelle sein. Das Material zur Bildung der sekundären Eihüllen wird dagegen von den Follikelzellen bereitgestellt und der Eizelle appositionell aufgelagert. Tertiäre Eihüllen sind schließlich konzentrische Schalen verschiedener Mächtigkeit, die von den Zellen des Oviduktes gebildet werden und je nach Species als Gallert-, Albumen- oder Mukopolysaccharidhüllen bzw. als Kalk- oder Hornschalen das Ei umschließen. Während die Herkunft der tertiären Eihüllen aus dem Zeitpunkt des Auftretens und den Sekretionsprodukten des Eileiterepithels leicht erkennbar ist, bestehen über die Bildung der sekundären Eihüllen bei vielen Tierarten noch unterschiedliche Auffassungen. Theoretisch können an der Bildung der extracellulären, zwischen Ei- und Follikelzellen gelegenen Substanz beide Zellarten beteiligt sein. Vergleich und Zuordnung sind schwierig, da die *artverschiedenen* Strukturen der Eihüllen jeweils auf den *artspezifischen* Eitransportmechanismus, Befruchtungs- und Implantationsmodus abgestimmt sind. Bei *Fisch*eiern gibt die Schichtung in eine innere radiär gestreifte Corticalschicht und eine äußere amorphe Zone Hinweise auf die verschiedene Abstammung der Schichten (SPEK, 1933; ARNDT, 1956, 1960; CHAUDRY, 1956; STERBA, 1957, 1958). Auch bei *Anuren* und *Urodelen* ist die Zona radiata (pellucida) in eine innere gestreifte und eine periphere amorphe Zone unterteilt. Die im Lichtmikroskop sichtbare Streifung wird durch cytoplasmatische Ausstülpungen des Oolemma (Mikrovilli) verursacht, die in dichter Anordnung die Eioberfläche besetzen. Zusätzlich ziehen größere Follikelzellfortsätze schräg durch die Radiärzone zur Eizellperipherie (DOLLANDER, 1954b, 1956, 1960b; KEMP, 1958; WARTENBERG und GUSEK, 1959, 1960; WARTENBERG, 1960; WARTENBERG und SCHMIDT, 1961). Pars radiata und amorpha unterscheiden sich bei *Rana* und *Triton* auch histochemisch (WARTENBERG, 1962). Die Zona pellucida der *Metha-* und *Eutheria* erweist sich elektronenmikroskopisch als einheitliche amorphe extracelluläre Substanz, deren oocytennahe Anteile in Tertiärfollikeln häufig stärker verdichtet sind. Histochemisch sind bei der *Ratte* (BRADEN, 1952), dem *Kaninchen* (BRADEN, 1952; DA SILVA SASSO, 1959) und beim *Menschen* (s. WATZKA, 1957 sowie STEGNER und WARTENBERG, 1961) Kohlenhydrate als wesentliche Bestandteile gefunden worden. Der Kohlenhydratanteil bildet offenbar die prosthetische Gruppe innerhalb eines Glykoproteids. Wir finden beim Menschen saure Mucopolysaccharide in der Zona pellucida des Sekundärfollikels; an der voll ausgebildeten Zona des Tertiärfollikels dagegen eine Schichtung in einen stark PAS-positiven zentralen Bereich *ohne* saure Gruppen und eine äußere konzentrische Zone aus sauren Polysacchariden (STEGNER und WARTENBERG, 1961). Die Priorität der anionischen Mucopolysaccharide und ihr kontinuierlicher Übergang in die später auftretende zentrale PAS-positive Zone sprechen für eine chemische Umwandlung nach ihrer Auflagerung auf die Eizelle. Die Mucoproteide der Zona pellucida unterscheiden sich bei den einzelnen Species in ihrem Verhalten gegenüber tryptischen Fermenten. Während die Zona des Ratteneies durch Trypsin,

Chymotrypsin und Proteasen angegriffen wird, ist die Zona des Kanincheneies nur gegenüber Trypsin empfindlich. BRADEN (1952) findet keine Unterschiede im physiko-chemischen Verhalten der Zona unbefruchteter und befruchteter Eizellen. CHANG und HUNT (1956) schließen dagegen aus ihren Untersuchungen über die Wirkung proteolytischer Enzyme, daß die Proteidstruktur der Zona nach der Ovulation bzw. der Spermienpenetration verändert wird. Nach SMITHBERG (1953) lösen proteolytische Enzyme die Zona unbefruchteter Mäuseoocyten schneller

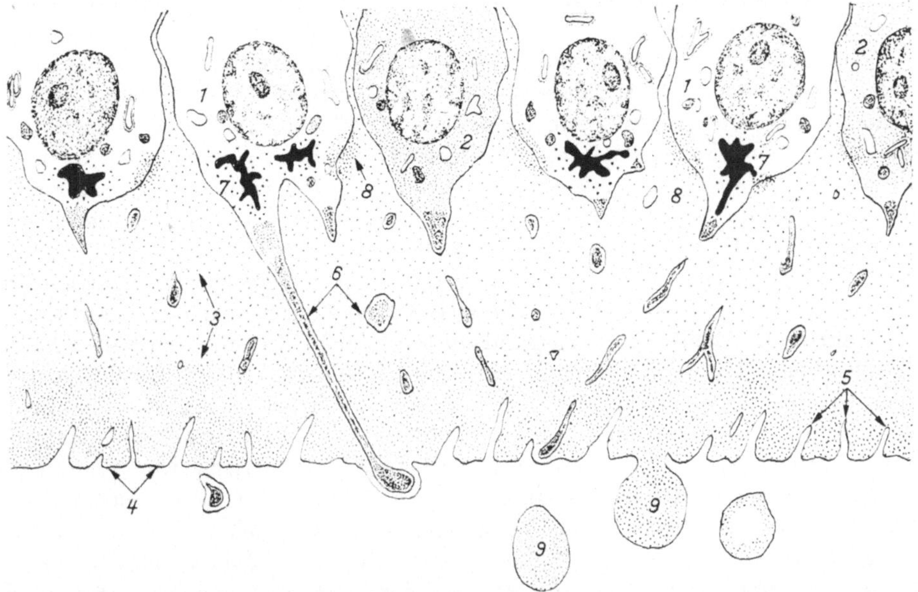

Abb. 22. Schema der morphologischen Beziehungen zwischen Eioberfläche und Follikelepithel. *1* ,,Helle`` Follikelzellen; *2* dunkelgranulierte Follikelzellen; *3* Zona pellucida; *4* Oolemma; *5* Mikrovilli; *6* Fortsätze der Follikelzellen, die sich mit verdickten Enden in Mulden des Oolemma eingraben, gelegentlich auch durch Desmosome verankert sind; *7* Lipoide; *8* granuläre intra- und extracelluläre Verdichtungsbezirke (Sekretionsorte?); *9* paraplasmatische Einschlüsse mit einem der Zonagrundsubstanz strukturanalogen Inhalt. Aus STEGNER, H.-E., und H. WARTENBERG, Z. Zellforsch. **53** (1961)

als die befruchteter Eizellen. Die Mechanismen der kurzfristig ablaufenden Strukturveränderungen *post penetrationem*, die als Schutzmaßnahme gegen Polyspermie gedeutet werden, sind unbekannt (s. Kapitel VIII, 1.).

Die Bildung der Zona pellucida fällt zeitlich mit der Formation des Primordialfollikels zusammen. Durch die fortlaufende Neubildung von Zonamaterial werden Ei- und Follikelzellen mehr und mehr voneinander getrennt. In Primärfollikeln sind die kubischen Follikelzellen fast überall von der Eizelle abgerückt und nur noch durch cytoplasmatische Fortsätze, die mit kleinen Desmosomen am Ooolemma ansetzen, mit ihr in Verbindung (Abb. 22). Nach Ansicht der meisten Untersucher entstehen demnach die Follikelzellfortsätze durch fingerförmige Ausziehung des Zellplasmas im Bereich der ursprünglichen Haftstellen, die auch nach Abscheidung der zwischenzelligen Substanz nicht gelöst werden. Die frühzeitige, bereits im Stadium des Primärfollikels einsetzende Zonabildung wurde schon von VAN BENEDEN (1880) aufgrund lichtmikroskopischer Befunde angenommen und später durch elektronenmikroskopische Untersuchungen bestätigt (YAMADA u. a.,

1957). Odor (1960) und Franchi (1960) finden im Rattenovar die ersten Zeichen einer Abscheidung von Zonamaterial in Primärfollikeln mit einem einschichtigen Epithel. Über die Herkunft der zonalen Grundsubstanz bestehen bis heute unterschiedliche Auffassungen, die jeweils durch morphologische oder experimentelle Indizien gestützt werden. Chiquoine (1960) hält die Zona für ein Produkt der Follikelzellen, da er die granuläre Substanz zuerst im zwischenzelligen Spalt benachbarter Follikelzellen findet. Trujillo-Cenoz und Sotelo (1959) finden in den Randbezirken der Follikelzellen granuläres Material von entsprechender Korngröße und Dichte.

Nach Franchi (1960) entsteht die Zona zu einem Zeitpunkt in dem die vorher glatte Eioberfläche durch zahlreiche Mikrovilli vergrößert wird. Diese im allgemeinen für Resorptionsvorgänge typische Oberflächengliederung könnte nach seinen Befunden auch Ausdruck einer gesteigerten Stoffabgabe sein. Auch die Verlagerung von Golgi-Strukturen in die Oocytenperipherie und die Ansammlung elektronendichter Substanzen in einer schmalen, unter dem Oolemma gelegenen Zone könnten Hinweise auf die substantielle Beteiligung der Eizelle am Aufbau der Zona pellucida geben. Wir haben verschiedentlich in den Randpartien der Eizelle Vacuolen mit einem Durchmesser von 1,0—1,5 µ beobachtet, deren Inhalt in Struktur und Dichte der Zonagrundsubstanz gleicht. In einzelnen Fällen waren die Bläschen in den perivitellinen Spalt geöffnet. Die Größe der Vesikel liegt weit über dem mittleren Durchmesser von Mikropinocytosebläschen. Es ist unentschieden, ob es sich um in der Eizelle gebildetes oder um inkorporiertes Material handelt. Die Resorption gröberer Zellpartikel durch die Eizelle wird von Press (1959) beschrieben und ist bei Insekten ein geläufiger Befund (Schrader und Leuchtenberger, 1952). Auch die Säugeroocyte soll sich zum Teil aus dem Material der Zona pellucida ernähren. Nach Merker (1961) verfügt allein die Follikelzelle über Organellen, die zur Synthese von Proteinen und Mukopolysacchariden — den Bausteinen der Zona pellucida — befähigt sind. Sowohl die Eiweißbildung als auch die Mucopolysaccharidsynthese soll an die Strukturen des endoplasmatischen Reticulum gebunden sein (Knese u. a., 1959; Schwarz, 1960; Shelton, 1960; Merker, 1961). Während die Follikelzelle reichlich Ergastoplasma enthält, ist die Eizelle nahezu frei von typischen Ergastoplasmalamellen. Ihre Beteiligung an der Bildung der Zonasubstanz ist daher nach Ansicht von Merker (1961) unwahrscheinlich. Zamboni und Mastroianni jr. (1966a) greifen die schon früher von anderen Untersuchern geäußerte Vermutung auf, daß die Golgistrukturen an der Materialbereitung zum Aufbau der Zona pellucida beteiligt sind. Golgi-Lamellen erscheinen zu einem Zeitpunkt in der Oocytenperipherie, an dem auch die erste Ablagerung von Zonamaterial im zwischenzelligen Raum zu beobachten ist.

VI. Der Feinbau der reifen Eizelle

Unter „reifer" Oocyte wird in der nachfolgenden Besprechung die Eizelle des Tertiärfollikels am Ende der Wachstumsperiode verstanden. Die Darstellung der Feinstruktur von Kern und Ooplasma erfolgt also ohne Berücksichtigung der noch nicht abgeschlossenen Teilungsschritte, die die Progenese beenden.

Bei den meisten Säugetieren ist die Zeitspanne zwischen Diakinese und Metaphase der zweiten Reifeteilung relativ kurz. Sie dauert vom Beginn der Stimulierung des Graafschen

Follikels durch die luteotropen Hormone bis zur wenige Stunden darauf einsetzenden Ovulation. Anaphase und Telophase der zweiten Reifeteilung laufen in der Regel erst nach der Imprägnation durch das befruchtende Spermium ab. Die Bildung des ersten Polkörperchens erfolgt bei allen bisher untersuchten Säugern, einschließlich des Menschen, vor der Ovulation (HARTMAN und CORNER, 1941; ODOR, 1955; FRANCHI, MANDL und ZUCKERMAN, 1962). Bei der Ratte ist die zweite Reifeteilung etwa 2 Std nach Eindringen des Spermiums abgeschlossen (AUSTIN, 1951).

Eizellen menschlicher Tertiärfollikel haben im fixierten Präparat einen Durchmesser von 70—90 μ. Das Cytoplasma der sphärischen Zellen wird von einer einschichtigen Membran — dem sog. Ooolemma — begrenzt, das sich mit zahlreichen ungegliederten feinen Mikrovilli in die amorphe Substanz der Zona pellucida ausstülpt. Zellfortsätze der Follikelzellen enden am Oolemma oder sind in muldenförmige Vertiefungen der Eioberfläche eingegraben. Die knopfartig verdickten Enden dieser Zellfortsätze können durch kleine Desmosome stärker mit dem Oolemma verbunden sein. Die Organellen sind in einer breiten perinucleären und einer schmalen corticalen Zone des Ooplasma konzentriert. Zwischen beiden Zonen besteht eine säulenförmige Verbindung. Der Zellkern liegt zentral oder leicht exzentrisch und enthält Haupt- und Nebennucleolen von retikulärem Bau. Die Strukturen von Kern und Cytoplasma sollen nachfolgend im einzelnen dargestellt und diskutiert werden.

1. Die Mitochondrien und „rund-ovalen Körper"

Während die Oogonien und jungen Oocyten typische Mitochondrien von lamellärem Typ enthalten (YAMADA u. a., 1957; CHIQUOINE, 1960; ODOR, 1960), treten in der wachsenden Eizelle mehr und mehr größere runde und ovale Gebilde auf, die durch angedeutete Binnenleisten die mitochondriale Herkunft noch erkennen lassen. Ihre Größe liegt zwischen 0,3 und 1,0 μ. Sie enthalten feingranuläre Substanz und sind von einer doppelten oder einfachen Membran umgeben. In unseren ersten Untersuchungen über die Feinstruktur der Säugereizelle haben wir diese Gebilde unverbindlich als „rund-ovale Körper" bezeichnet (WARTENBERG und STEGNER, 1960, 1960/61; STEGNER und WARTENBERG, 1961, 1962). Bessere Fixations- und Einbettungsverfahren und die Untersuchung von Eizellen in allen Phasen der Entwicklung haben gezeigt, daß es sich um *eine für die reife Eizelle typische Entwicklungsform der Mitochondrien* handelt. Die Transformation der Mitochondrien beginnt in der Eizelle des Primordialfollikels und erreicht während der Blastogenese einen Höhepunkt (Abb. 23 u. 33). ADAMS und HERTIG (1964) haben in wachsenden Eizellen des Meerschweinchens die Rückbildung der Cristae mitochondriales und die Vermehrung der Matrix ebenfalls als Zeichen der Reifung gedeutet. Auch HOPE (1965) hält sie bei *Macacus rhesus* für eine Funktionsform, die sich von den stärker lamellierten Mitochondrien ableitet. Bei kleineren leistenarmen Formen kann man im Zweifel sein, ob es sich nicht um Vorstufen handelt (s. BLANCHETTE, 1961), zumal die Herkunft der Mitochondrien und ihr Vermehrungsmodus in der Eizelle noch weitgehend unbekannt sind. ZAMBONI u. a. (1966) finden im frisch befruchteten Ei des Menschen nach Bildung der Vorkerne neben den charakteristischen sphärischen leistenarme Mitochondrien auch relativ viel langgestreckte Formen. Nach ihrer Deutung könnte die Streckung der Mitochondrien ihrer Teilung vorausgehen. Einzelne Mitochondrien-Teilungsformen sind von BLANCHETTE (1961) in der Kaninchenoocyte und von ODOR (1960) in der

Hamstereizelle beobachtet worden. Die wenigen Beobachtungen von „eingeschnür-
ten" oder unvollständig geteilten Mitochondrien reichen aber nicht aus, um einer

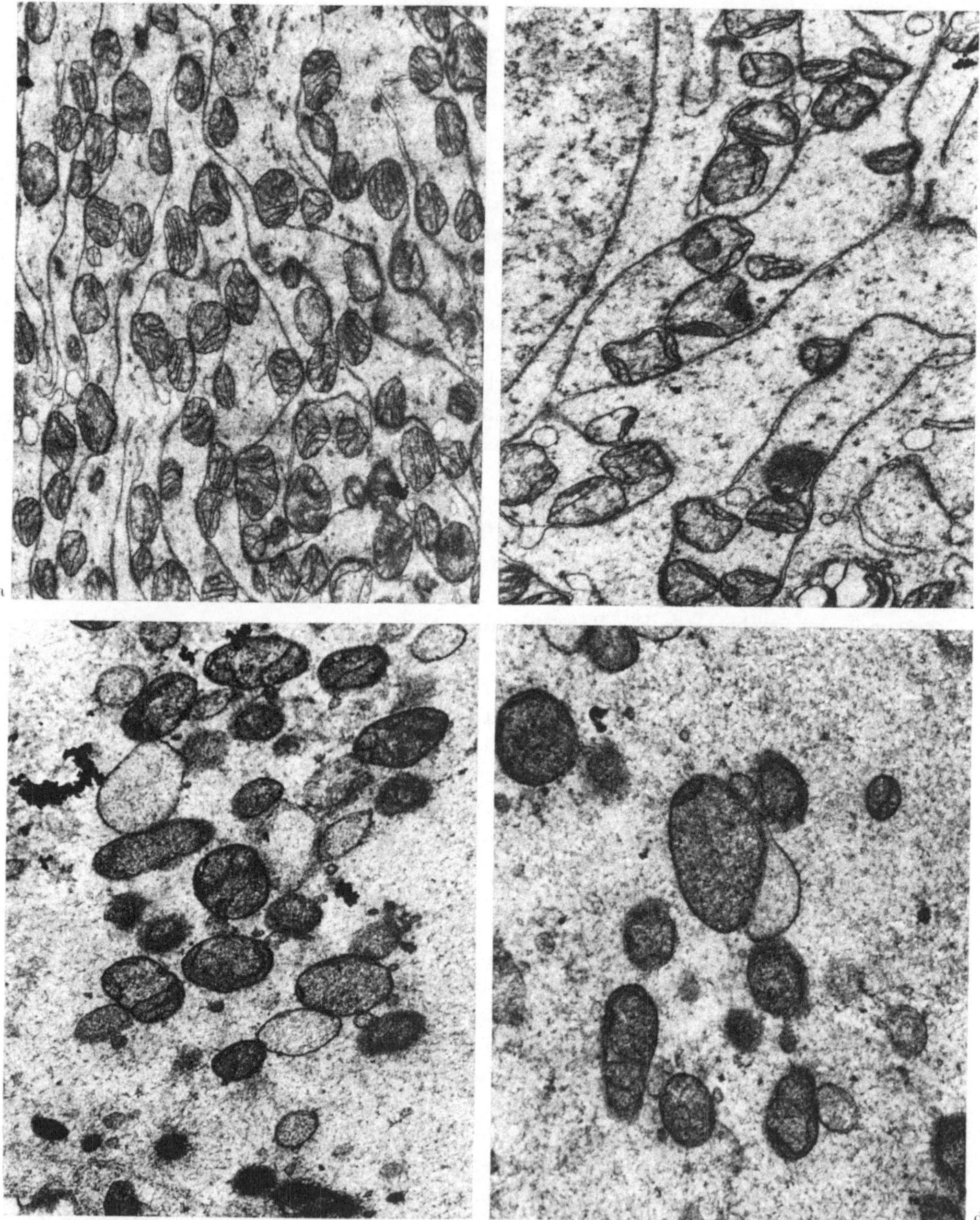

Abb. 23a—d. Entwicklungsformen der Mitochondrien menschlicher Eizellen: a kleine ovale Mitochondrien in
einem jungen Primordialei; b „sternförmige Mitochondrien" in einem älteren Primordialei; c leistenarme Mitochondrien und „rund-ovale" Körper einer Oocyte des Primärfollikels; d größere rund-ovale Körper zusammen mit
endoplasmatischen Bläschen in einem Tertiärei. Fix. OsO₄, Kontrastierung Uranylacetat und KMnO₄, Einbettung
Vestopal W. Vergr. 25000fach

Vermehrung durch Reduplikation eine entscheidende Bedeutung beizumessen. Die Neubildung aus undifferenzierten Vorstufen dürfte auch im Cytoplasma der Eizelle eine größere Rolle spielen als die autonom identische Vermehrung durch Organellenteilung. ADAMS und HERTIG (1964) beobachten rosettenförmig um granuläre Einschlüsse gruppierte unreife Mitochondrien und deuten diese Gruppen

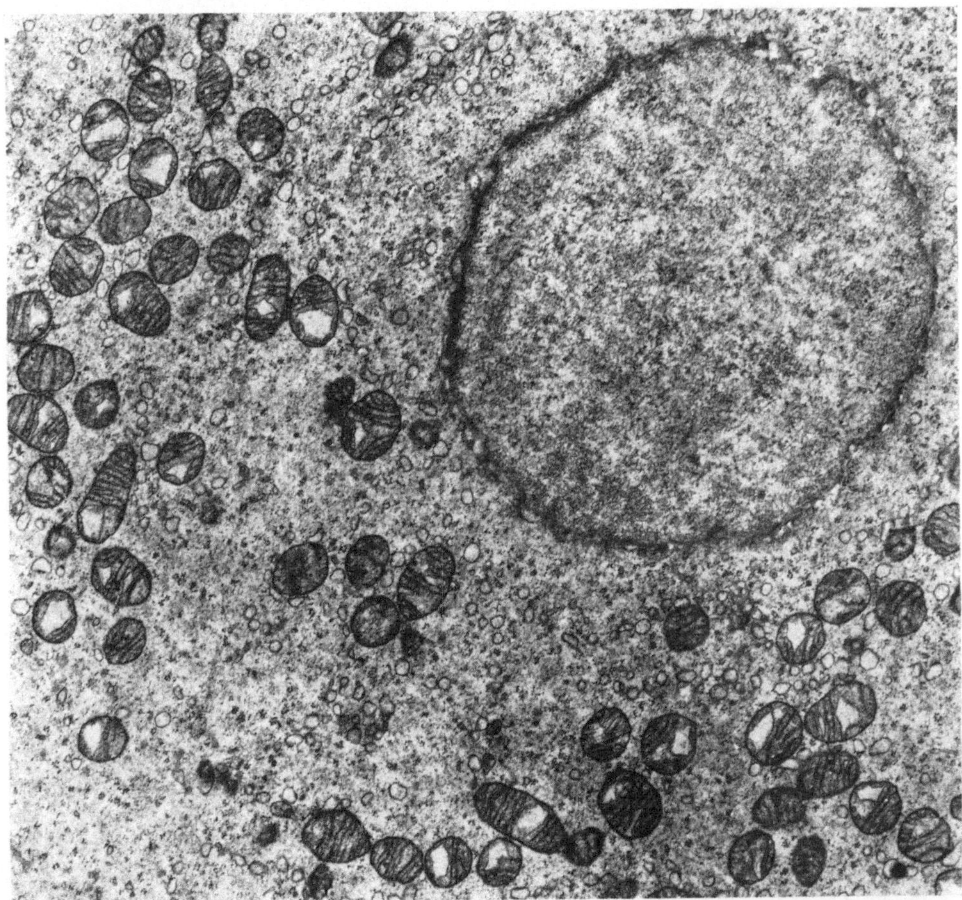

Abb. 24. Oocyte aus dem Ovar einer 10 Tage alten Maus. Mitochondrien mit reichlich quergestellten Cristae mito-chondriales, die zum Teil irregulär aufgeweitet sind. Fix. OsO₄, Kontrastierung PbO, Einbettung Vestopal W. Vergr. 18000fach

als Bildungszentren. In Tertiärfollikeln des Menschen ist die enge Verbindung zu kurzen erweiterten endoplasmatischen Schläuchen oder Vesikeln ein charakteristischer Befund (Abb. 23d). Varianten der Mitochondrien haben ANDERSON und BEAMS (1960), ODOR (1960), BLANCHETTE (1961) und ADAMS und HERTIG (1964) in Säugereizellen beschrieben. Nach ODOR vereinfacht sich die Form der Mitochondrien unter zunehmender Verkleinerung in der reifenden Rattenoocyte. In der wachsenden Oocyte der Maus sind die mitochondrialen Leisten nicht selten irregulär erweitert (YAMADA u. a., 1957, SOTELO und PORTER, 1959; BELTERMANN und STEGNER, 1967) (Abb. 24). Dichte kernartige Einschlüsse der Mitochondrienmatrix sind ein weiterer geläufiger Befund in Eizellen von Ratte und Maus (Abb. 25). Die Natur dieser Nucleoide ist noch unbekannt. Mit der von Holst und Marian Hicks modifizierten Gomorischen Methode zum Nachweis saurer Phosphatasen reagieren sie positiv.

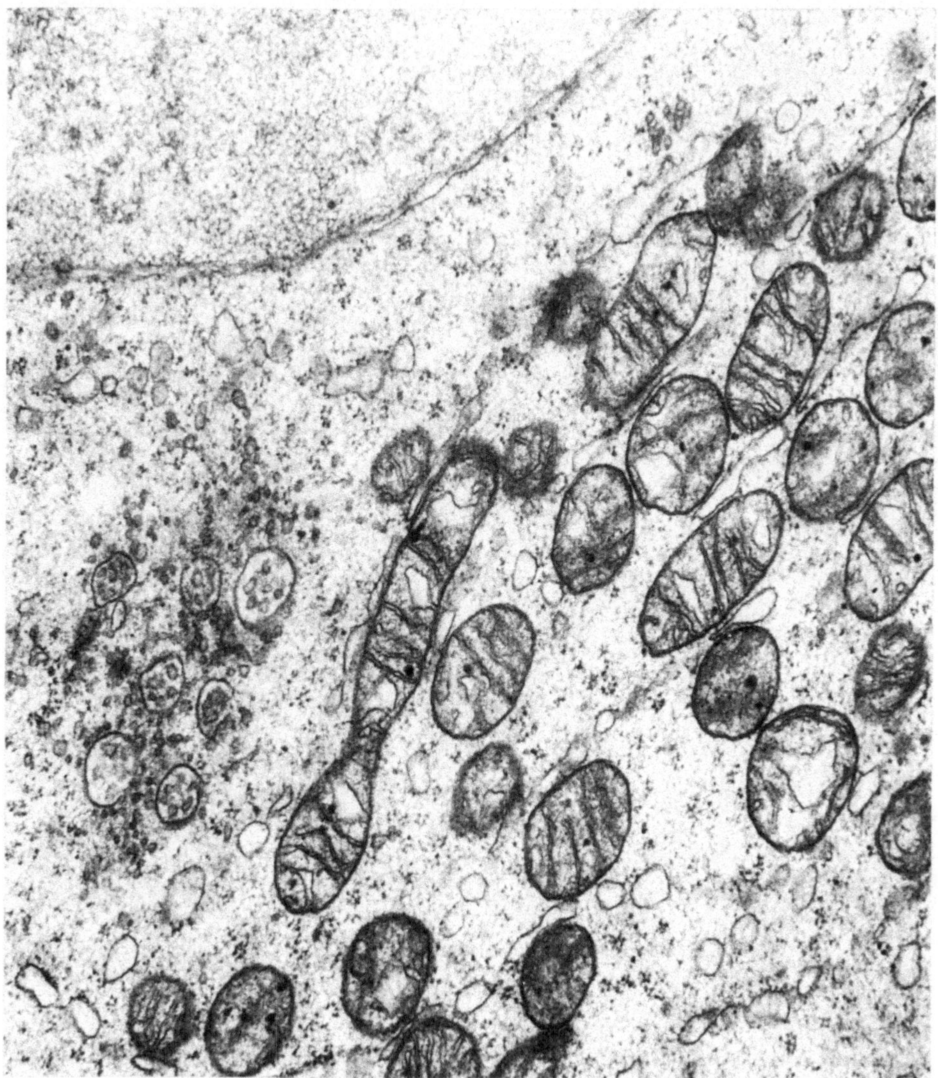

Abb. 25. Mitochondrien mit kernartigen Einschlüssen in einer Oocyte eines Primärfollikels der Maus. Links im Bild multivesiculäre Körper und freie Vesikel. Fix. OsO₄, Kontrastierung PbO, Einbettung Vestopal W. Vergr. 39 680fach

2. Das endoplasmatische Reticulum

Weder die wachsende noch die reifende Eizelle besitzt ein gerichtetes endoplasmatisches Gerüst. Eine Ausnahme bildet die perinucleäre Lamellen-Mitochondrien-Zone der wachsenden Eizelle. Offenbar erlaubt der häufige Funktions-

und Formwechsel nicht den Aufbau eines beständigen Systems endoplasmatischer Kanäle. Das Ooplasma enthält aber eine große Zahl submikroskopischer „leerer" Bläschen, die gelegentlich mit der äußeren Kernmembran oder der Zellmembran zusammenhängen. Zahlreiche Untersucher haben beobachtet, daß sich die Bläschen von den genannten Membranen ablösen können. Durch die „Vesikulation" präexistenter Membranen werden die Grundelemente zum Aufbau neuer Lamellensysteme bereitgestellt (HODGE u. a., 1957; DE ROBERTIS, 1954, 1956; MERRIAM, 1959). Viele Vesikel sind als Teile des vacuolären Apparates mit dem binnenzelligen Stofftransport betraut und offenbar nur flüchtige Arbeitsstrukturen. Grundsätzlich handelt es sich also bei den freien endoplasmatischen Bläschen um eine Elementarstufe oder eine besondere Funktionsform des endoplasmatischen Reticulums. Nur in Ausnahmefällen sind lamelläre Reticula in Eizellen beschrieben worden.

Im Rattenei entsteht nach SOTELO und PORTER (1959) ein organisiertes und kontinuierliches binnenzelliges Reticulum nach der ersten Furchungsteilung.

Die Kombination endoplasmatischer Lamellen mit Ribonucleoproteidgranula ist als Ergastoplasma oder „rauhe" Form des endoplasmatischen Reticulums definiert. Diese für die Proteinsynthese wichtige Zellorganelle ist elektronenmikroskopisch zuerst an Drüsenzellen mit hoher Eiweißbildung studiert worden. Neben der organisierten Form (lamellärer Typ), in der Ribosomen und endoplasmatische Schläuche eine funktionelle Einheit bilden, enthalten viele Zellen ein unorganisiertes Ergastoplasma, das aus frei verteilten Ribosomen (Paladegranula) oder Ribosomenaggregaten besteht. Beide Typen sind das morphologische Substrat der Zellbasophilie. Daß auch die Eizelle basophile Arbeitsstrukturen besitzt, ist seit langem bekannt. Über den histochemischen Nachweis von RNS in Eizellen von *Amphibien, Fischen* und verschiedenen *Crustaceen* berichten BRACHET (1941 a und b, 1946, 1960), WITTEK (1952), MULNARD (1954), YAMAMOTO (1956), FAUTREZ-FIRLEFYN (1957), COLOMBO (1957), WARTENBERG (1962), BEAMS u. KESSEL (1963) u. a. In der Regel enthalten junge Eizellen große RNS-Mengen, während Dotterkern und Dotterschollen der wachsenden Eizellen nur geringe Mengen aufweisen. Gegen Ende der Dotterbildung verschwindet das pyroninpositive Material in der Amphibieneizelle vollständig. Nach BRACHET (1941 a) tritt während des Wachstums keine absolute Verminderung, sondern lediglich eine höhere Verteilung der RNS ein, d. h. die RNS-Synthese hält mit der Volumenzunahme der wachsenden Oocyte nur ungenügend Schritt. In den Eizellen der Amphibien gelten corticale und perinucleäre Zone als besonders reich an Ribonucleinsäure. Am animalen Pol ist der RNS-Gehalt höher als am vegetativen. Die polare Akkumulation ist elektronenmikroskopisch noch nicht bestätigt worden.

Nach JONES SEATON (1950) steht die Verteilung der basophilen Substanz auch im unbefruchteten Säugerei in Beziehung zur bilateral-symmetrischen Organisation der Zelle. Das primäre Verteilungsmuster der basophilen Granula macht nach den ersten Furchungsschritten einer mehr diffusen Anfärbbarkeit Platz. AUSTIN und BRADEN (1953, 1954) finden die Ribonucleinsäure mikrospektrophotometrisch gleichmäßig in der reifen Eizelle verteilt. Elektronenmikroskopisch sind in der Verteilung der Ribosomen keine regionären Unterschiede zu erkennen.

Die organisierte Form ist in der wachsenden Eizelle des Menschen als peri-nucleäres Lamellen-Mitochondrien-System stark ausgebildet (Abb. 8). Die reifende Eizelle enthält nur sehr spärliche kleine Ergastoplasmalamellen oder ribosomenfreie Membranen, die Odor (1960) als atypische Formen des Ergastoplasma bezeichnet hat. Die Ergastoplasmaarmut in den wachsenden Eizellen verschiedener Säugerspecies ist immer wieder hervorgehoben worden. Das steht in offensichtlichem Gegensatz zu den lichtmikroskopisch-cytochemischen Befunden über den RNS-Gehalt des wachsenden Säugereies. Wahrscheinlich liegt die Ursache der divergenten Befunde nicht in einem tatsächlichen Fehlen ergastoplasmatischer Strukturen, sondern in einer Fehl*deutung* von Zelleinschlüssen, die vom geläufigen Bau organisierter RNS (Ergastoplasmalamellen) und frei verteilter Ribonucleoproteidgranula (Ribosomen) abweichen. Wir sind mit Zamboni und Mastroianni (1966) einer Meinung, daß die in Abb. 44 dargestellten 0,5—3 μ großen Vesikel des befruchteten Kanincheneies grundsätzlich als ergastoplasmatische Strukturen anzusehen sind, obgleich ihre Hüllmembranen nicht immer oder nur spärlich mit Ribosomen besetzt sind. Die kontinuierliche Entwicklung dieser Vesikel aus ergastoplasmatischen Doppellamellen im Zuge des Oocytenwachstums konnten wir sowohl im Ei des Menschen als auch des Kaninchens verfolgen. Der direkte topochemische Nachweis von RNS in diesen Strukturen steht allerdings noch aus.

3. Der Golgi-Apparat

Der *Golgi-Apparat* ist ein Sammelbegriff für physiologisch verschiedene Produktionsstellen der Zelle, die sich in Struktur, Lage und färberischem Verhalten ähneln. Kein anderer Teil des Cytoplasma ist seit der ersten Beschreibung eines osmiophilen Apparato reticolare interno durch Golgi (1892) so vielen Diskussionen und widersprüchlichen Meinungen ausgesetzt gewesen. Hirsch gibt in seiner Monographie über Form und Stoffwechsel der Golgi-Körper (1939) und im Handbuch der Biologie eine umfassende Darstellung dieser Problematik. 1954 beschreiben Rhodin sowie Sjöstrand und Hanson die *Feinstruktur* des Golgi-Apparates als ein System von Doppellamellen und Vacuolen. Die Identität der Lamellen-Vacuolen-Felder mit den lichtmikroskopischen Golgi-Strukturen wurde von Dalton durch Nachosmierung bewiesen.

Die Hauptfunktionen des Golgi-Apparates sind nach Ansicht der meisten Untersucher:

1. die Bereitstellung von endoplasmatischen Bläschen, die zu gerichteten endoplasmatischen Kanälchen organisiert werden können oder als freie Bläschen am binnenzelligen Stofftransport beteiligt werden;

2. die Kondensation verschiedener zelleigener Produkte.

Eine echte Synthesefunktion ist umstritten.

Aus lichtmikroskopischen Untersuchungen ist bekannt, daß sich die Verteilung der Golgi-Strukturen in der Eizelle in den verschiedenen Entwicklungsstadien in charakteristischer Weise verändert (Rio Hortega, 1913). In jungen Eizellen bilden die Golgi-Körper einen großen, der Kernmembran anliegenden osmiophilen Komplex von netziger Struktur. In wenig älteren Stadien wird dieses Areal vergrößert und aufgelockert, um schließlich unter Dissoziation in kleine Elemente nach der Eizellperipherie zu rücken. Elektronenmikroskopische Untersuchungen haben gezeigt, daß die dem lichtoptischen Golgi-Komplex zugrundeliegenden Lamellen-Vacuolen-Felder ein entsprechendes Verhalten während der Oogenese zeigen (SOTELO und PORTER, 1959; FRANCHI, 1960; ODOR, 1960; ADAMS und HER-

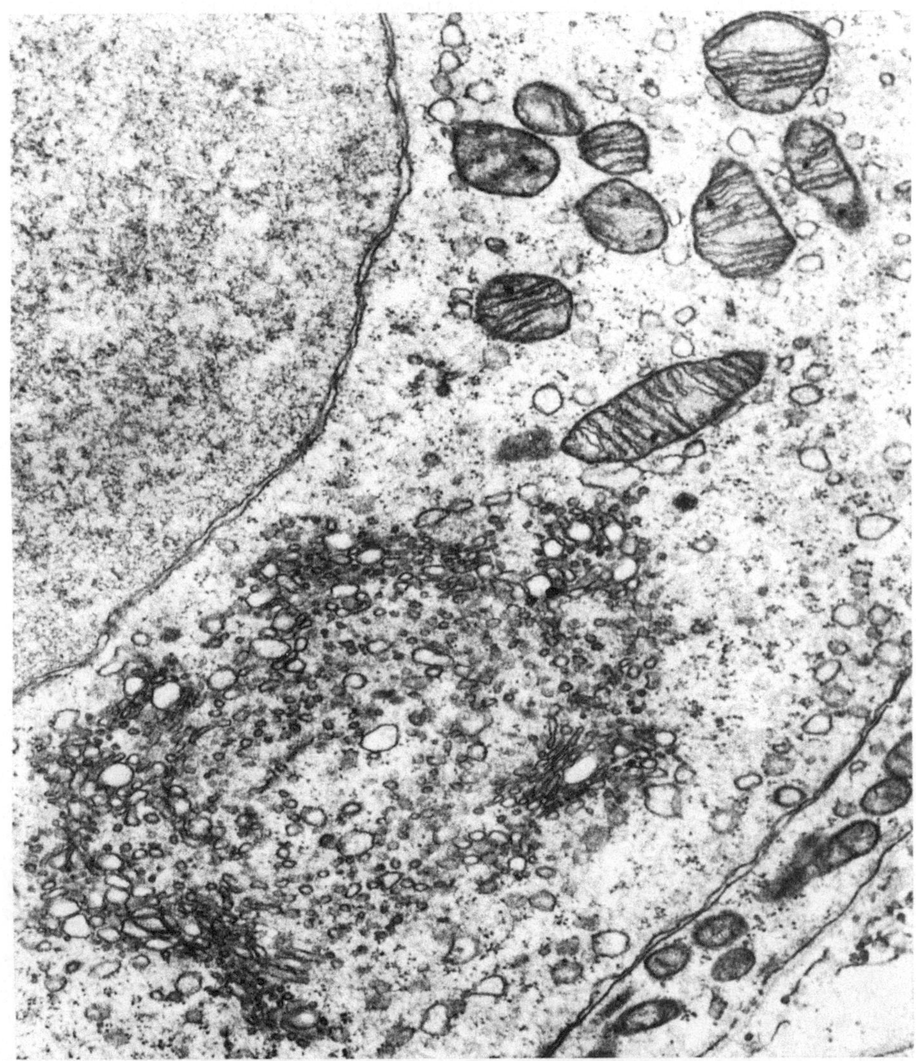

Abb. 26. Primordialfollikel der Maus. Perinucleäres Cytozentrum (Dotterkern) aus zirkulär angeordneten Lamellen-Vacuolen-Feldern. Das Centrosom ist nicht im Schnitt getroffen. Fix. OsO₄, Kontrastierung PbO, Einbettung Vestopal W. Vergr. 34000fach

TIG, 1964; BELTERMANN und STEGNER, 1967). In Primordialeiern und jungen Oocyten bilden Golgi-Körper den Hauptbestandteil des juxtanucleär gelegenen Balbianschen Dotterkernes, der das Centrosom umschließt und peripher durch eine Zone aus Mitochondrien und Ergastoplasmalamellen (Dotterkernlager, Parastruktur) ergänzt wird (Abb. 26). Dieses Cytozentrum ist in Primärfollikeln noch kompakt, wird aber in der reifenden Eizelle zunehmend aufgelockert. SOTELO und

Porter (1959) sowie Odor (1960) finden in reifen Rattenoocyten nur noch kleine Golgi-Komplexe aus 6—10 dicht geschichteten Tubuli und wenigen Vesikeln. Die Lamellen-Vacuolen-Körper liegen jetzt verstreut in der Rindenzone der Eizelle. Nach der ersten Reifeteilung und im unbefruchteten tubaren Ei sollen nach Odor die Golgi-Strukturen völlig verschwunden sein. Ähnliche Befunde hatte bereits Nihoul (1926) mit lichtmikroskopischen Methoden am Kaninchenei erhoben. Auch nach Gresson (1933) werden die Golgi-Strukturen *post ovulationem* zurückgebildet.

4. Gefensterte Membranen (annulate lamellae)

Die gefensterten Membranen sind endoplasmatische Strukturen, die in Eizellen zahlreicher Avertebraten und Vertebraten aber auch in schnell wachsenden

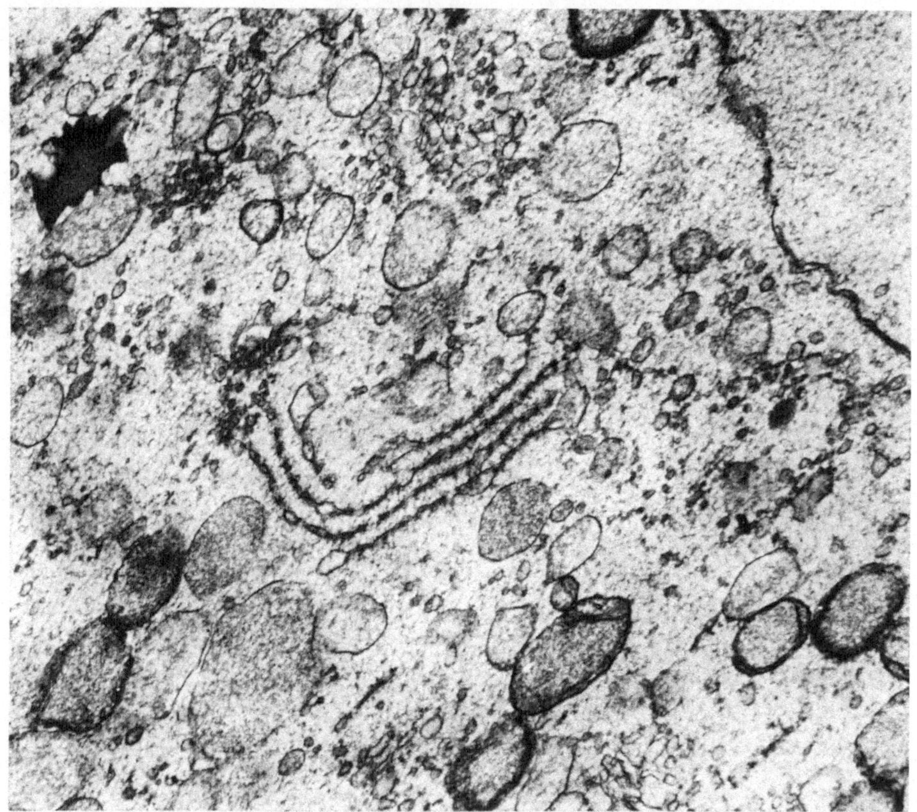

Abb. 27. Befruchtetes Kaninchenei nach Bildung der Vorkerne. Im Cytoplasma neben rund-ovalen Körperchen und vesiculären Komplexen Gruppen von ,,annulate lamellae", die an ihren Enden anscheinend in Bläschen zerfallen. Fix. OsO₄, Kontrastierung PbO, Einbettung Vestopal W. Vergr. 28000fach

embryonalen und somatischen Zellen nachgewiesen wurden (Afzelius, 1955a, 1957; Rebhuhn, 1956a; King und Devine, 1958; Merriam, 1959; Barer und Meck, 1960a und b; Gross, Philpott und Nass, 1960; Wischnitzer, 1960b; Kaye u. a., 1961; Kessel, 1963, 1964, u. a.). Die Bezeichnung ,,annulate lamellae" ist zum ersten Mal von Swift (1956) bei der Beschreibung der Feinstruktur des

Schlangenovotestis gebraucht worden. Es handelt sich um parallel oder gestaffelt liegende Doppelmembranen, die mit Poren durchsetzt sind und der Kernmembran weitgehend gleichen. Wegen ihres Reichtums an Ribonucleoproteid (REBHUHN: Basophilie) werden sie dem Ergastoplasma zugeordnet. AFZELIUS (1957) findet sie im Seeigelei mit feinen Granula assoziiert, die sich mit Toluidinblau anfärben. Annulate Lamellae können durch Fragmentation der Kernmembran entstehen. Nach den Untersuchungen von KESSEL (1964) an Echinodermenoocyten sind sie ein Produkt der äußeren Lamelle der Kerndoppelmembran, die durch Abschnürung von Bläschen die Elemente zum Aufbau der gefensterten Membranen bereitstellt. Ihre Entstehung soll mit der Ausschleusung von Kernmaterial zusammenhängen. In Eizellen aus Tertiärfollikeln sind sie selten zu finden. Sie treten gehäuft in degenerierenden Zellen auf und im Zuge postmitotischer Membranrestitution (Abb. 27). Auch das innere Blatt der Kerndoppelmembran kann entsprechende Lamellen in den Reaktionsraum des Kernes abgeben, wie KESSEL (1965) an Eizellen von Tunicaten und ZAMBONI u. a. (1966) in den Vorkernen einer befruchteten menschlichen Oocyte beobachtet haben.

5. Die multivesiculären Körper (multivesicular bodies, m.v.b's)

Die sog. multivesiculären Körper sind Aggregate von kleinen Bläschen, die von einer gemeinsamen Membran umhüllt sind. Sie sind keine spezifischen Einschlüsse der Keimzellen, sondern auch in somatischen Zellen verschiedener Herkunft gefunden worden (PALAY und PALADE, 1955; YAMADA, 1955; ZETTERQVIST, 1956; ESTABLE, ACOSTA-FERREIRA und SOTELO, 1957; NILSSON, 1959; SOTELO und PORTER, 1959; GRANBOULAN, 1960; NOVIKOFF, 1961; PALADE, 1961; FARQUHAR und PALADE, 1962; FREDRICSSON und BJÖRKMAN, 1962; MURAKAMI, 1962; CHOJ, 1963; FUCHS, 1963; YAMAMOTO, 1963). In relativ großer Menge finden sich multivesiculäre Körper in den Eizellen von Ratte und Maus (Abb. 28). Hier sind sie auch von YAMADA zuerst beschrieben worden. Bereits in jungen Oocyten neugeborener Tiere bilden sie große Aggregate. Diese Bläschenfelder bestehen teils aus umschriebenen Ansammlungen freier Vesikel, teils aus typischen organisierten multivesiculären Körpern. Die m.v.b's sind im Durchschnitt 0,1—0,6 μ groß, von einer Doppelmembran umgeben und mit 10—50 mμ großen Elementarbläschen angefüllt; manche enthalten auch anstelle der kleinen Vesikel zentrale Nucleoide oder granuläre, elektronendichte Substanz. Die Bläschenfelder liegen bevorzugt in der Nachbarschaft des Dotterkernes, der sich aus konzentrisch geordneten Lamellen-Vacuolen-Feldern (Golgi-Material) aufbaut. Im Zuge der Oocytenreifung rücken sie in die Zellperipherie. Der Golgi-Apparat ist von YAMADA (1955) als Bildungsort der multivesiculären Körper beschrieben worden. Wahrscheinlich sind aber Golgi-Apparat und Bläschenfelder voneinander unabhängige Organellenbildungszentren. Während die Lamellen-Vacuolen-Felder die Vorstufen zum Aufbau endoplasmatischer Strukturen liefern und außerdem die Zellvacuolen bereitstellen, in denen die Kondensation synthetisierter Substanzen (Sekrete) stattfindet, werden die multivesiculären Körper offenbar frühzeitig auf celluläre Eliminations- und Abräumfunktionen spezialisiert. Ihre Umwandlung in größere vielgestaltige Organellen vom Typ der Cytolysomen konnten wir in vielen Fällen beobachten (BELTERMANN und STEGNER, 1967). In diesen hetero-

morphen Zelleinschlüssen sowie in den Nucleoiden der multivesiculären Körper
gelingt auch der direkte topochemische Nachweis von dephosphorylierenden
Fermenten (saure Phosphatasen), der zur funktionellen Zuordnung der Einschlüsse
notwendig ist (Abb. 28 und 29). Die Elementarvesikel und die typischen multi-

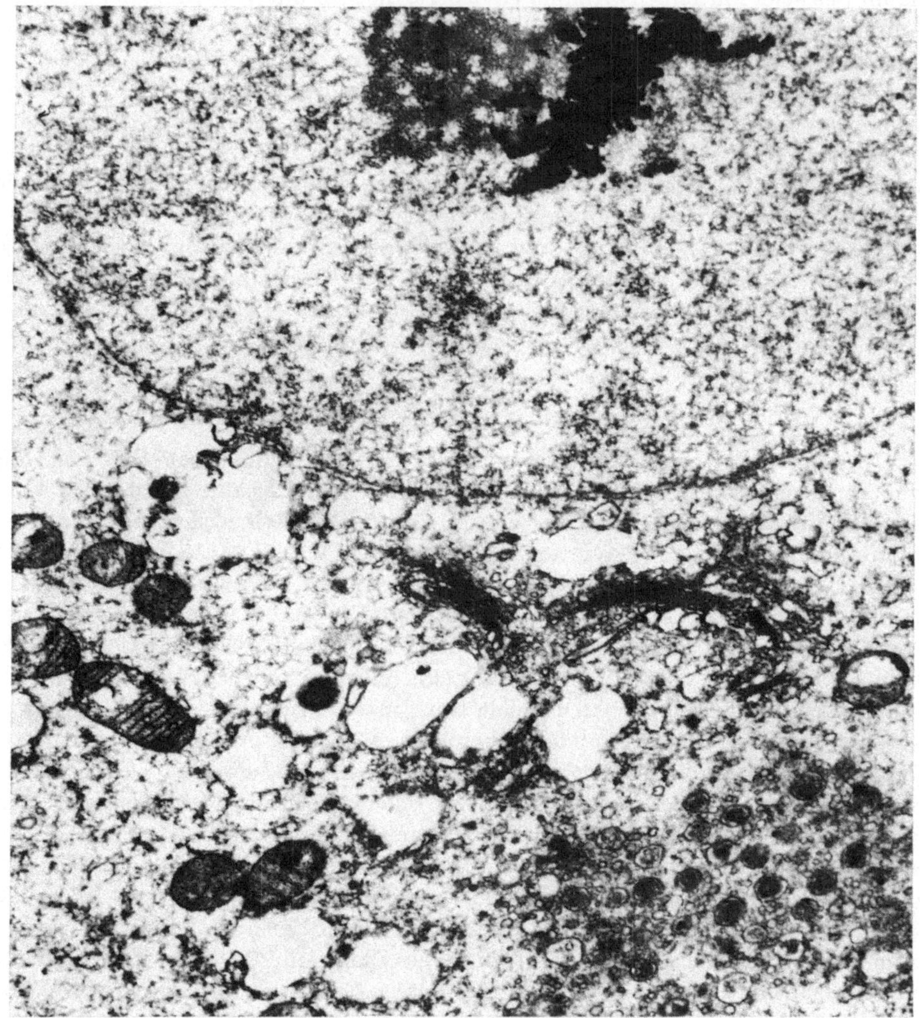

Abb. 28. Eizelle aus einem Primärfollikel der Maus. Fix. Glutaraldehyd, Gomori-Reaktion modif. nach HOLT
und MARIAN HICKS (1961) zum Nachweis von sauren Phosphatasen. Positive Reaktion in Teilen des Nucleolus,
im kondensierten Material der multivesiculären Körper, in Doppellamellen des Golgi-Apparates und in den
Nucleoiden der Mitochondrien. Vergr. 24 000fach

vesiculären Körper finden wir in der Regel phosphatasenegativ. Möglicherweise
sind nicht die Elementarbläschen und die m.v.b's, sondern die größeren aktiven
Cytolysomen mit den Metagranula von DALCQ identisch (Abb. 30). Das korrigiert
nicht die Konzeption DALCQs, daß die m.v.b's grundsätzlich zum Funktionskreis
der Lysosomen gehören, wahrscheinlich aber Vorstufen darstellen, in denen der

direkte Fermentnachweis aufgrund methodischer Insuffizienz oder noch unzureichender Enzymaktivitäten nicht möglich ist.

Während der Oocytenreifung kommt es zur Vermehrung und Verteilung der multivesiculären Körper im Cytoplasma. Nach der Befruchtung zerfallen sie in Schüben und entleeren ihre Vesikel in das Ooplasma (SOTELO und PORTER, 1959). Die Bläschen können sich im Cytoplasma verstreuen und auflösen oder in Haufen liegenbleiben und so die Bildung „vesiculärer Komplexe" veranlassen. Nach ADAMS und HERTIG (1964) entstehen in vesiculären Komplexen durch Zusammen-

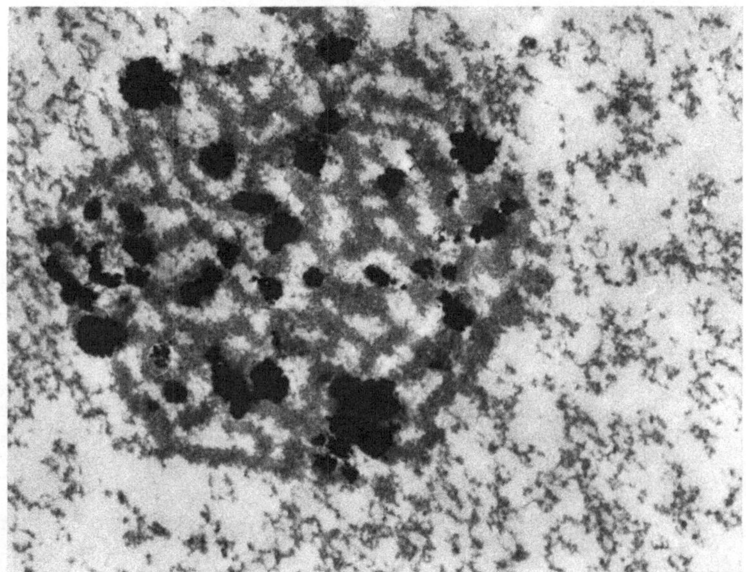

Abb. 29. Oocyte eines Primärfollikels der Maus. Reticulärer Nucleolus. Fix. Glutaraldehyd, Gomori-Reaktion modifiziert nach HOLT und MARIAN HICKS (1961) zum Nachweis von sauren Phosphatasen. Vergr. 35 000fach

fließen der Bläschen und Kondensation die sog. Rindengranula. Nach DALCQ (1963) sind die multivesiculären Körper funktionell den Lysosomen (DE DUVE, 1959; NOVIKOFF u. ESSNER, 1962) vergleichbar, die Vesikel sollen hydrolytische Fermente enthalten (Dephosphosomen).

Die Lebensdauer der multivesiculären Körper ist anscheinend sehr begrenzt. Im Rattenei nehmen sie während der Reifung an Zahl zu. Nach der Befruchtung geben sie durch Aufreißen der Hüllmembran ihren Inhalt an das Cytoplasma ab. Bei der in Schüben verlaufenden Ausstreuung von Bläschen werden die Phosphohydrolasen frei und können der fermentativen Auflösung eliminationspflichtiger Stoffe dienen (DALCQ, 1963, 1966).

Die Vorstellungen von DALCQ stützen sich auf vergleichende licht- und elektronenmikroskopische Untersuchungen. Die multivesiculären Körper sollen mit den lichtmikroskopisch sichtbaren Metagranula (β-Granula) identisch sein, in denen die wirksamen Fermente (saure Phosphatasen und Phosphohydrolasen) nachgewisen werden konnten (DALCQ und PASTEELS, 1962). ANTEUNIS u. a. (1964) führen dagegen mehrere Gründe an, die gegen eine Identität der genannten Strukturen sprechen. Der wichtigste Einwand ist die Größendifferenz zwischen den

4*

(submikroskopischen) m.v.b's und den (lichtmikroskopischen) Metagranula. Auch
im zeitlichen Auftreten unterscheiden sich die Einschlüsse.

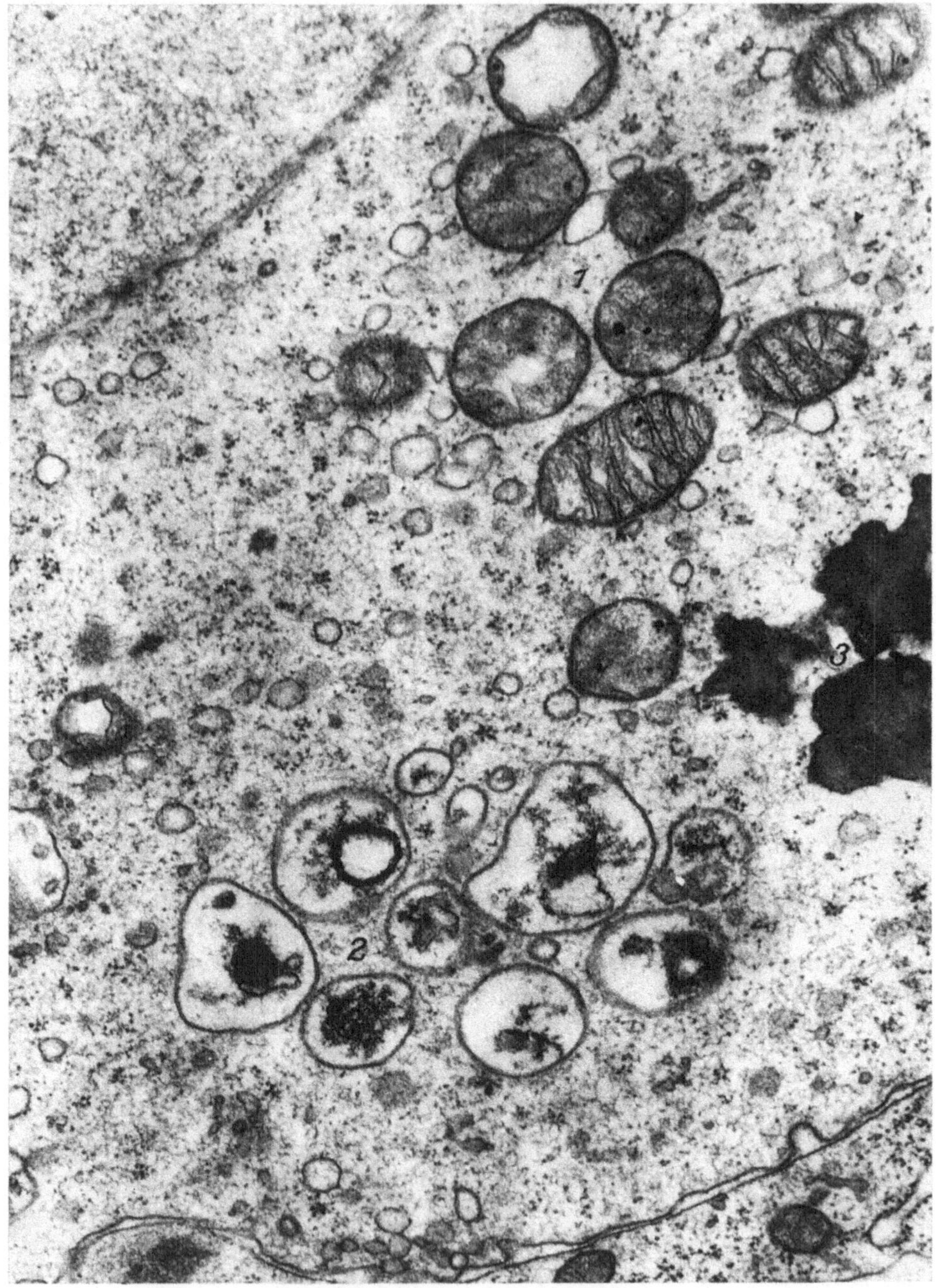

Abb. 30. Oocyte aus einem Primärfollikel der Maus. *1* Mitochondrien; *2* Lysosomen; *3* Lipoide. Fix. OsO₄,
Kontrastierung PbO, Einbettung Vestopal W. Vergr. 42000fach

Novikoff vermutet, daß m.v.b's durch Zusammenlagerung pinocytotischer Bläschen entstehen. Die Beobachtung von Farquhar, Wissig und Palade (1961), nach der Ferritin 1—2 Std nach i.v. Injektion in m.v.b's der Glomerulusdeckepithelien abgelagert wird, könnte diese Vermutung stützen. Die in verschiedenen vegetativen Zellen als multivesiculäre Körper beschriebenen Einschlüsse dürften jedoch nicht in jedem Fall funktionell vergleichbare Organellen sein. Degenerierende Mitochondrien können ähnliche Formen annehmen. Während m.v.b's in den Eizellen von Ratte und Maus einen prominenten Bestandteil bilden, sind sie in Eizellen anderer Säugetiere nur vereinzelt beobachtet worden. In menschlichen Oocyten sind sie isoliert oder in kleinen Gruppen in allen Entwicklungsphasen ohne regelhafte Beziehungen zu anderen Zellstrukturen vorhanden.

6. Der Kern

Der gut gerundete Kern der reifen Eizelle ist von einer Doppelmembran umgeben, deren Lamellen (unite membranes) einen perinucleären Spalt von wechselnder Weite begrenzen. Die Kernmembran ist von Poren durchbrochen, Dichte und Verteilung dieser Poren werden vom Aktivitätszustand des Kernes bestimmt. Nach Horstmann und Knoop (1957) sind die Kernporen passagere Gebilde, die für die Funktionszustände des Kernes charakteristisch sind. Angaben über die Abmessungen der Porengröße sowie der Poren- und Lamellenabstände sind daher von geringer Bedeutung, solange sie nicht die Funktionsphasen des Kernes berücksichtigen. Daraus wird die hohe Schwankungsbreite der aus der Literatur ersichtlichen Werte verständlich, selbst wenn es sich um Beobachtungen an der gleichen Species handelt.

Wir finden in Eizellen menschlicher Tertiärfollikel vor Vollendung der ersten Reifeteilung einen durchschnittlichen Lamellenabstand von 200 Å und einen Porenabstand von 800 Å (Wartenberg und Stegner, 1960; Stegner und Wartenberg, 1961). Im Amphibienei sind äußeres und inneres Blatt der Kernmembran etwa 100 Å dick, sie werden von einem 150 Å weiten „perinucleären Raum" (Watson, 1955) getrennt. Die Poren (discontinuities) sollen einen Abstand von 1000 Å haben (Wischnitzer, 1960a, Brachet, 1957, 1960). Im Seeigelei zählt Afzelius (1955a) 40—80 Poren pro μ m². André und Roullier (1957) finden 10% der Kernoberfläche von *Tegenaria domestica* durch Poren besetzt. Der Durchmesser der Kernporen von *Froschoocyten* liegt nach Merriam (1961) zwischen 900 und 1000 Å. Die Poren werden allerdings durch Annuli eingeengt, die in Form kurzer Röhren oder kleiner Doppeltrichter in den Poren stecken und diese beiderseits überragen. Die lichte Weite der Öffnungen beträgt danach bei *Anuren* und *Urodelen* ca. 500 Å (Merriam, 1961; Wartenberg, 1962). Setzt man voraus, daß die Annuli unverschlossene Poren umgeben, so kann man die Kerndoppelmembran als eine mehr oder weniger „offene" Grenze zwischen nuclearem und cytoplasmatischem Reaktionsraum ansehen. Je nach Funktionszustand sind z. B. an der Froschoocyte 20—27% der Kernoberfläche geöffnet (Merriam, 1961).

Nach Afzelius (1955a), Anderson und Beams (1956), Rebhuhn (1956a) u. a. sind die Poren echte Perforationsstellen, die einen ungehinderten Durchtritt makromolekularer Stoffe erlauben. Nach Watson (1955), Pappas (1956), Gray und Guillery (1963) sowie Kessel (1965) sollen die Kernporen durch eine feine

Membran verschlossen sein. Barnes und Davis (1959) halten diese Membran für ein Artefakt, das durch die tangentiale Schnittführung verursacht wird. Von verschiedenen Untersuchern wird im Lumen des Annulus ein zentrales Korn beobachtet (Pollister, Gettner und Ward, 1954; Watson, 1955; Gay, 1956; Swift, 1956; Wischnitzer, 1958, 1960a). Möglicherweise handelt es sich sowohl bei dem Annuluskomplex (Watson) als auch bei den zentralen Granula um durchtretendes Material.

7. Die Nucleolen

Die Eizellkerne vieler Tierarten sind, verglichen mit somatischen Zellen, auffallend reich an Nucleolen. Flemming (1882) beschreibt Haupt- und Nebennucleolen. Haecker (1893, 1895, 1899) hat, gestützt auf die Beobachtung, daß die Zahl der Nucleolen in gewissen Grenzen gruppenspezifisch ist, eine Einteilung in verschiedene Eitypen vorgenommen. Er unterscheidet einen Echinodermentyp mit einem einzelnen, zentral gelegenen Hauptnucleolus, einen Vertebratentyp mit mehreren, meist in der Kernperipherie gelegenen Nucleolen und einen Lamellibranchialen Typus, zu dem die Eizellen der meisten Säuger und des Menschen zählen. Nach Haecker soll die Zahl der Nucleolen in Beziehung zum Dottergehalt der Eizelle stehen. Einen Zusammenhang von Nucleolenstruktur und Dotterbildungsphasen findet Wartenberg (1962) in der Amphibienoocyte. Während der Oogenese verändern sich die Kernkörperchen im Feinbau und in der chemischen Zusammensetzung. Vor Einsetzen der Dotterbildung sind sie klein, homogen und relativ arm an RNS. Während der Vitellogenese vergrößern sich die Nucleolen unter zunehmender vacuolärer Auflockerung. Der RNS-Gehalt nimmt zu.

Die Oogonien der Säuger enthalten nach lichtmikroskopischen Befunden in der Regel keine umschriebenen Kernkörperchen; auch in jungen Spermatiden fehlt ein Nucleolus, jedoch finden sich begrenzte Ansammlungen dichten körnigen Materials (Horstmann, 1961). Die wachsende und reife Eizelle zeigt verschiedene Nucleolenformen, die sich bislang nicht typisieren lassen. Die Variationsbreite der morphologischen Erscheinungsbilder ist ebensowenig bekannt wie die regelrechte Feinstruktur. Der grundsätzliche Aufbau aus einer filamentären (Nucleolonemata) und amorphen Substanz (Estable und Sotelo, 1951) ist von verschiedenen Untersuchern bestätigt worden. Nach Horstmann und Knoop (1957) bestehen die Nucleolonemata aus 100—150 Å großen aneinandergereihten Granula. Die von den Granula gebildeten fädigen Strukturen zeigen einen spiraligen Verlauf. In formolfixiertem Material erscheint der Nucleolus homogen oder vacuolär aufgelockert. Gelegentlich finden sich Ansammlungen von dichterem chromatischem Material. Die Entstehung der Nucleolen soll an chromosomale Nucleolus-Organisatoren gebunden sein (Altmann u. a., 1963). In vegetativen Zellen bleibt offenbar auch der „reife" Nucleolus in Verbindung mit den chromosomalen Organisatorbezirken. Aus der morphologischen Einheit müßte sich eine Übereinstimmung von Nucleolen- und Chromosomenzahl ergeben. Eine Verbindung mit chromatischem Material ist in den Nucleolen verschiedener Eizellen beobachtet worden.

Wartenberg (1962) findet in Amphibienoocyten nach $KMnO_4$-Fixierung neben einer feinfibrillären Komponente auch Zonen mit dickeren Doppelfibrillen im Nucleolenkomplex. Er vermutet, daß die letzteren chromatisches Material darstellen, da die sog. Lampenbürstenchromosomen der Amphibieneizelle aus einer zentralen Doppelfibrille bestehen, von der sich seitlich Schlingen („loops") abzweigen (WISCHNITZER, 1960a).

Aktive Nucleolen der menschlichen und Rattenoocyte zeigen elektronenmikroskopisch einen heterogenen Aufbau. Eine wallartige Zone umgibt eine „Markzone" von geringer Elektronendichte, die reticuläre Struktur besitzen kann (SOTELO und PORTER, 1959, bei der Maus, STEGNER und WARTENBERG, 1961; TARDINI u. a., 1961, beim Menschen). BOLOGNARI (1959, 1960) beschreibt homogene, granuläre und glomeruläre Formen. Die Struktur der Vacuolen entspricht meistens der des umgebenden Karyoplasmas; sie sind daher als inselartige Einschlüsse von Kernsubstanz anzusehen. Für eine Abgabe von Kernkörperchensubstanz durch die Poren der Kernmembran an das Cytoplasma gibt es zahlreiche Hinweise. Feingranuläre Züge, die sich vom Kernkörperchen in Richtung auf die Kernmembran fortsetzen, werden als Zeichen einer Substanzabgabe gedeutet („nucleoläre Leitbahn": HORSTMANN und KNOOP, 1957; DAVID, 1959; CLARK, 1960; PORTER, 1960; BOLOGNARI, 1961; BRUNI u. a., 1961; MILLER, 1962; SEIFERT, 1962; WARTENBERG, 1962). SZOLLOSI (1965) hat die Ausschleusung von Nucleolensubstanz aus den männlichen und weiblichen Vorkernen der frisch befruchteten Ratteneizelle elektronenmikroskopisch verfolgt. Das Nucleolenmaterial (tertiäre Nucleolen) wird bei der Freigabe von einem Teil der Kerndoppelmembran umhüllt und abgeschnürt. Ähnliche Beobachtungen machten ZAMBONI u. a. (1966) an einer menschlichen Eizelle im Stadium der Vorkerne. Die funktionelle Bedeutung dieses Vorganges ist noch ungeklärt. Beziehungen zur Dotterbildung (WARTENBERG, 1962) und DNS-Synthese sind diskutiert worden (DALCQ, 1957). Die Elimination der Nucleolensubstanz ist offenbar weitgehend auf bestimmte Funktionsphasen der Oo- und Blastogenese beschränkt. Lichtmikroskopisch ist sie bei Ratte und Maus sowohl im Stadium der Vorkerne als auch in den ersten Furchungsstadien beobachtet worden (KREMER, 1924; DALCQ, 1957; SZOLLOSI, 1965). Auch ganze Nucleolen können nach den Beobachtungen von WITTEK (1952), FAUTREZ und FAUTREZ-FIRLEFYN (1953) sowie SCHOLTYSEK (1954) und YAMAMOTO (1956) durch passagere Lücken der Kernmembran an das Cytoplasma abgegeben werden. Nach WEISSENFELS werden die intakten Nucleolen wie auch Kernkörperfragmente nicht durch Diskontinuitäten der Kernmembran ausgestoßen, sondern unter Erhaltung der Kernmembran abgeschnürt. Eine zellphysiologische Bedeutung dürfte dieser Vorgang nicht haben, weil er viel zu selten vorkommt und eine Verminderung des chromatischen Materials zur Folge hätte, das ja bei allen übrigen Veränderungen des Kernes konstant bleibt.

Die Kernteilung führt zu einer vorübergehenden Desorganisation der Nucleolen. Während DAVID (1959) eine vollständige Auflösung in der Prophase annimmt, sind nach JONES (1962) auch nach Fragmentation der Kernmembran noch Teilstücke der Nucleolen nachzuweisen. Von der späten Prophase bis zur Anaphase sind im allgemeinen keine organisierten Nucleoli erkennbar (BOURNE, 1962; DAVID 1959). In der Telophase sollen die Nucleolen im Bereich der chromosomalen Organisatorbezirke neugebildet werden. Ob dabei das Material der prämitotischen Kernkörperchen verwendet wird, ist unentschieden (HARRIS, 1961).

Experimentelle Untersuchungen an isolierten Kernen zeigen, daß die Kernkörperchensubstanz offenbar an eine stabile strukturelle Komponente des Kernes gebunden ist. Bei der

Auflösung der Nucleolen durch Behandlung isolierter Kerne mit hypotonischen Lösungen tritt kein Verlust an RNS ein (Crawley und Harris, 1963; Lacour, 1964). Bei Resuspension in isotoner Lösung werden die Nucleolen neu formiert. Elektronenmikroskopisch imponiert dieser Vorgang als eine Zusammenlagerung von vorher verstreuten Filamenten. Weissenfels (1964) hat das Schicksal der Nucleolen von Myoblastenkernen im Mitosecyclus verfolgt. In der Prophase ist nach seinen Befunden der Zusammenhang von Nucleolensubstanz und Chromosomen im Phasenkontrastmikroskop deutlich zu erkennen, sofern die Chromosomen genügend stark spiralisiert sind. Nach Auflösung der Kernmembran trennt sich das amorphe Nucleolenmaterial von der fädigen chromosomalen Komponente des Nucleolus und tritt in das Cytoplasma über. Auch Brinkley (1965) beobachtet elektronenmikroskopisch eine Dispersion der Nucleolensubstanz während der Prophase. Das im Cytoplasma verteilte, teils granuläre, teils fibrilläre Material des Kernkörperchens bleibt nach seiner Ansicht wenigstens zum Teil in Verbindung mit der chromatischen Substanz.

Im Rattenei finden Sotelo und Porter (1959) während der Telophase der zweiten Reifeteilung wieder große, wallartig begrenzte Nucleoli. Nach Isquierdo und Vial (1962) ist die Zahl der Kernkörperchen im 2—4-Zellenstadium des gefurchten Ratteneies vermindert. In den darauffolgenden Stadien wird die granuläre Struktur zentral zunehmend aufgelockert.

VII. Die Reservesubstanzen der Säugeroocyte (das Dotterproblem)

Nach herkömmlichen Definitionen versteht man unter Dotter die Summe der in der Eizelle deponierten Nahrungsreserven. Cytochemisch werden Protein-, Lipoid- und Polysacchariddotter unterschieden. Menge und Verteilung kennzeichnen die Eier der verschiedenen Tierarten und bestimmen die Art der Furchung. Die Aufnahme der meisten Grundstoffe entzieht sich dem direkten optischen Nachweis. Erst die organisierte Form des Reservematerials liegt in lichtoptisch sichtbaren Bereichen. Bei Amphibien und Vögeln erreichen die Dotterplättchen beachtliche Größe. Die Feinstruktur der Dotterpartikel ist artspezifisch. Elektronenmikroskopisch besteht der Prototyp aus einem kugeligen oder eiförmigen, von einer Membran umhüllten Körper, dessen „Kern" (Internum) kristalloiden Aufbau besitzen kann (Abb. 31). Das Internum wird von einer granulären Schale von verschiedener Mächtigkeit umgeben, in der sich saure Mucopolysaccharide und Phosphatasen nachweisen lassen. Der „Kern" erweist sich histochemisch als Phospho-Lipo-Proteinkomplex. Proteindotter mit biokristallinem Gefüge konnte bisher bei *Amphibien* (Wartenberg, 1962), *Schnecken* (*Planorbis*: Favard und Carasso, 1958; *Limnea stagnalis*: Elbers, 1957), *Gastropoden* (*Crepidula*: Worley und Moriber, 1961) und *Insekten* (Roth und Porter, 1964) gefunden werden. Das Kristallgitter setzt sich aus parallelen osmiophilen Linien mit einer Periodik von 58—65 Å zusammen. Die Linien bilden durch Überschneidung quadratische oder rhombische Muster. Varianten in der Gitterstruktur sind vermutlich Folge verschiedener Schnittrichtung (Wartenberg, 1962).

Die Dottervorstufen werden der Zelle durch Pinocytose (Membranvesiculation) einverleibt. Nach Roth und Porter entstehen die Dotterschollen unmittelbar aus Pinocytosebläschen, die sich durch Zusammenschluß vergrößern und in die tieferen Cytoplasmaschichten wandern. Auch nach der Beobachtung von Hope, Humphries und Bourne (1964) an Eizellen des *Salamanders* wird das heteromorphe

Dotterkorn durch die Vereinigung vesiculärer und granulärer Elemente ohne Beteiligung spezifischer Zellorganellen gebildet. Die Pinocytosebläschen gehören zum „vacuolären" Apparat der Zelle, dem eine wichtige Funktion im binnenzelligen Stofftransport zukommt (SCHMIDT, 1961; WARTENBERG, 1962). Die eigentlichen Dotterbildungszentren sind aber sog. Komplexcytosome, in denen das zugeführte Material gesammelt und organisiert wird (Abb. 32).

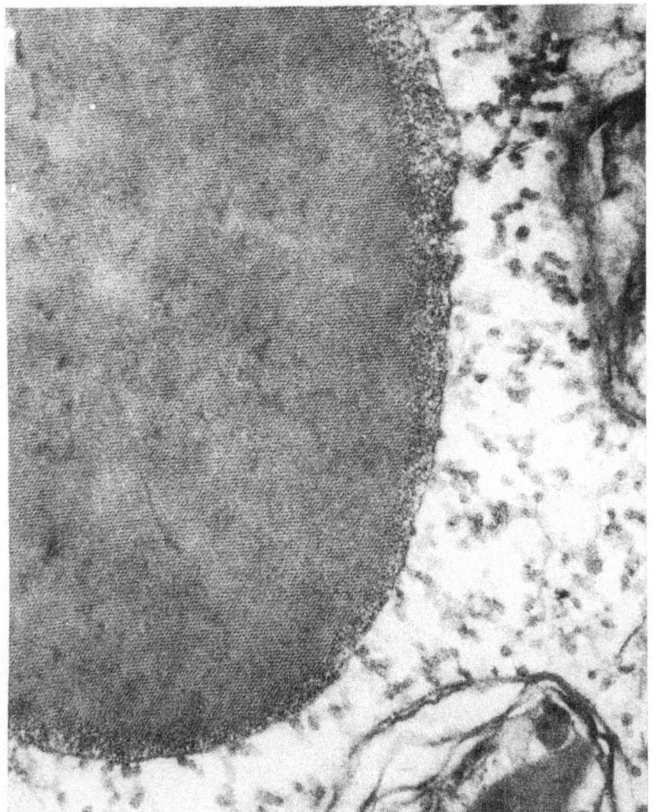

Abb. 31. Kristalloides Dotterplättchen einer Amphibieneizelle. Präparat und Aufnahme von Doz. Dr. WARTENBERG, Anatomisches Institut, Hamburg

Die Speicherung der Nahrungsstoffe ist also eine aktive Leistung der Zelle an der verschiedene Zellorgane funktionell beteiligt sind; diese sollen kurz im einzelnen besprochen werden.

1. Mitochondrien

Eine direkte Umwandlung von Mitochondrien in Dotterpartikel ist bereits aufgrund lichtmikroskopischer Untersuchungen vermutet worden. Von einzelnen Autoren wurde den Mitochondrien ein — symbiontischen Bakterien vergleichbares — Eigenleben zugeschrieben, das sich in der Fähigkeit zur Selbstdifferenzierung in vitro äußern soll (PIERANTONI: Züchtung von Dotterkörnchen auf Agar). Gegenüber älteren Untersuchern, die in den Dotterschollen tote, paraplasmatische Zelleinschlüsse sahen, enthalten diese Darstellungen bereits die moderne Konzeption einer aktiven Beteiligung der Dotterstrukturen an der Lebenstätigkeit der Zelle.

Elektronenmikroskopische Untersuchungen, die sich mit der Vitellogenese im Amphibienei befassen, zeigen, daß die Entstehung der Dotterkörnchen aus *Mitochondrien* zumindest *ein* gangbarer Bildungsweg ist. Die Transformation be-

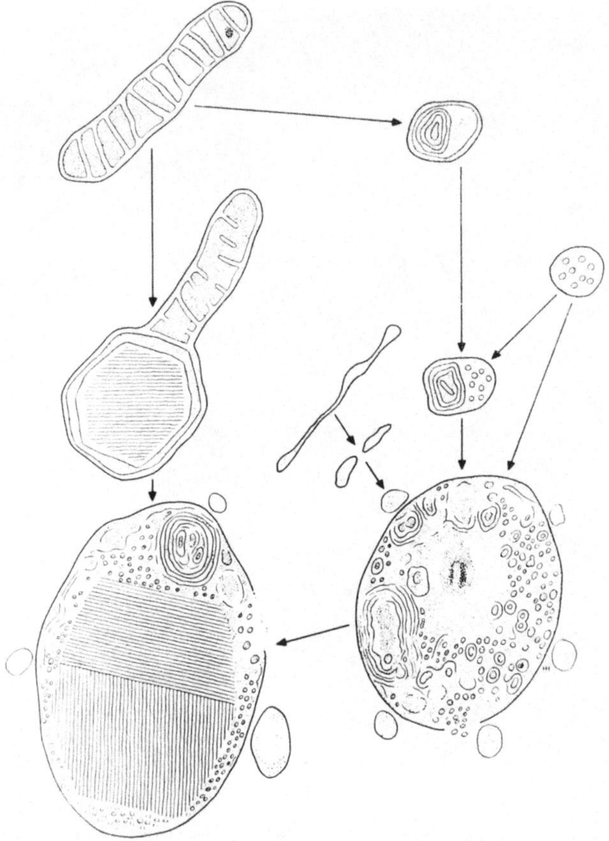

Abb. 32. Schematische Darstellung der Dotterbildung in der Amphibienoocyte unter Beteiligung verschiedener Zellkomponenten. Abbildung von Doz. Dr. WARTENBERG, Anatomisches Institut, Hamburg

ginnt nach der Beobachtung von WARD (1959) und WARTENBERG (1962) mit der Anreicherung kristalloider Substanz in keulenförmig erweiterten Abschnitten des Mitochondriums (Abb. 32). Erst mit zunehmender Größe des Dotterkristalls wird der restliche Mitochondrienanteil dem Dotterpartikel einverleibt. Nach BALINSKY und DAVIS (1963) runden sich die Mitochondrien zunächst zu kleineren Körpern ab, die neben Resten der Cristae mitochondriales, konzentrisch geschichtete Membranen enthalten.

Im Fischei (*Saccobranchus fossilis, Clarias* und *Anabas scandens*) unterscheidet NARAIN (1937) lichtmikroskopisch einen proteinhaltigen Mitochondriendotter von einem lipoidhaltigen Golgi-Dotter. Beide erscheinen im Cytoplasma, nachdem der Dotterkern in die Zellperipherie gewandert ist und dort seine Elemente zerstreut hat. Auch bei *Mollusken* (FAVARD und CARASSO, 1958), *Echinodermen* (SUBRAMANIAM u. a., 1936) und *Ascaris* (LOEZ, 1906) sollen die Dotterpartikel durch direkte Umwandlung der Mitochondrien entstehen. Für die oligolecithalen Eier der Mammalia haben bereits LAMS und DOORME (1908) ähnliche Beziehungen vermutet. Elektronenmikroskopische Untersuchungen haben diese Vorstellung bestätigt. In der Säugeroocyte treten während der Oogenese Transformationen der Mitochondrien auf, die als Zeichen einer erhöhten Materialspeicherung gedeutet werden können (STEGNER, 1965). Es handelt sich um Vorgänge, die der Dotterbildung in polylecithalen Eiern vergleichbar sind, ohne daß es zum Aufbau konsolidierter Dotterplättchen mit kristalloiden Strukturen kommt. Abb. 33 zeigt die verschiedenen Phasen der Mitochondrienumwandlung beim Kaninchen. Abb. 33a ist ein Ausschnitt aus einer Eizelle des Primärfollikels. Die Mitochondrien haben ovale Form und ein dichtes System lamellärer Innenleisten, die vorwiegend in schräger Richtung die Mitochondrienkörper durchziehen, teils auch nur kurze Septen bilden. Abb. 33b und c zeigt modifizierte Mitochondrien (rund-ovale Körper) aus gefurchten Eizellen im 5- und 2-Zellstadium. Ein Teil der rund-ovalen Körper ist von einer Membranduplikatur begrenzt, bei den meisten ist die Grenzmembran auf eine einfache Lage reduziert. Die Cristae mitochondriales sind bis auf kurze Stummel zurückgebildet oder völlig verschwunden. Die Matrix ist homogen verdichtet, manchmal auch in unregelmäßigen Bezirken kondensiert. Die Umwandlung der Mitochondrien beginnt im Stadium des Primärfollikels. Im wachsenden Primordialei ist sie noch nicht deutlich, obgleich die Mitochondrien menschlicher Eizellen auch in dieser Phase ihre Struktur verändern (s. S. 41 f). Die Speicherform der Mitochondrien ist charakteristisch für die Wachstums- und Reifungsperiode und die frühe Blastogenese. In 3 Tage alten Blastocysten des Kaninchens beginnt die Rückbildung der rund-ovalen Körper in typisch lamelläre Mitochondrien (Abb. 33d). Die ersten Zeichen der Rückbildung sind Verdoppelung und Einbuchtung der Organellenmembran und Ausbildung kleiner Innenlamellen. Die Rückbildung der Mitochondrien erfolgt zu einer Zeit, in der die Zona pellucida dissoziiert und mit der jetzt eiweißhaltigen Blastocystenflüssigkeit neue Ernährungsbedingungen für die embryo- und trophoblastischen Zellen geschaffen werden.

2. Golgi-Strukturen

Für die Bedeutung des Golgi-Apparates an der Stoffproduktion spricht die starke Ausbildung in sezernierenden Zellen. Seine speziellen Aufgaben bei der Dotterbildung sind umstritten. Vitellogene Zonen decken sich nicht selten mit Lamellen-Vacuolen-Feldern. Das gleichzeitige Vorhandensein anderer Organellenkonzentrate in diesem Bereich erschwert eine Zuordnung der Funktionen. Von GATENBY (1919), PARAT und BHATTACHARYA (1926), DAS (1928) SOTELO und TRUJILLO-CENOZ (1957), ANDERSON und BEAMS (1960), WARTENBERG und STEGNER (1960), ADAMS und HERTIG (1964), werden Golgi-Elemente als wesentliche Bestandteile des sog. Dotterkernes (Balbianscher Dotterkern) verschiedener Eizellen beschrieben. Zahlreiche Untersuchungen haben zu der Auffassung geführt, daß es sich bei dem Dotterkern um ein Zentrum synthetischer Prozesse handelt. Viele

spezifische Stoffwechselleistungen der Zelle erfordern offensichtlich eine bestimmte
Ordnung und Konzentration der beteiligten Organellen. In der menschlichen Eizelle enthält der Dotterkern das Cytozentrum mit den Centrosomen, das von einer

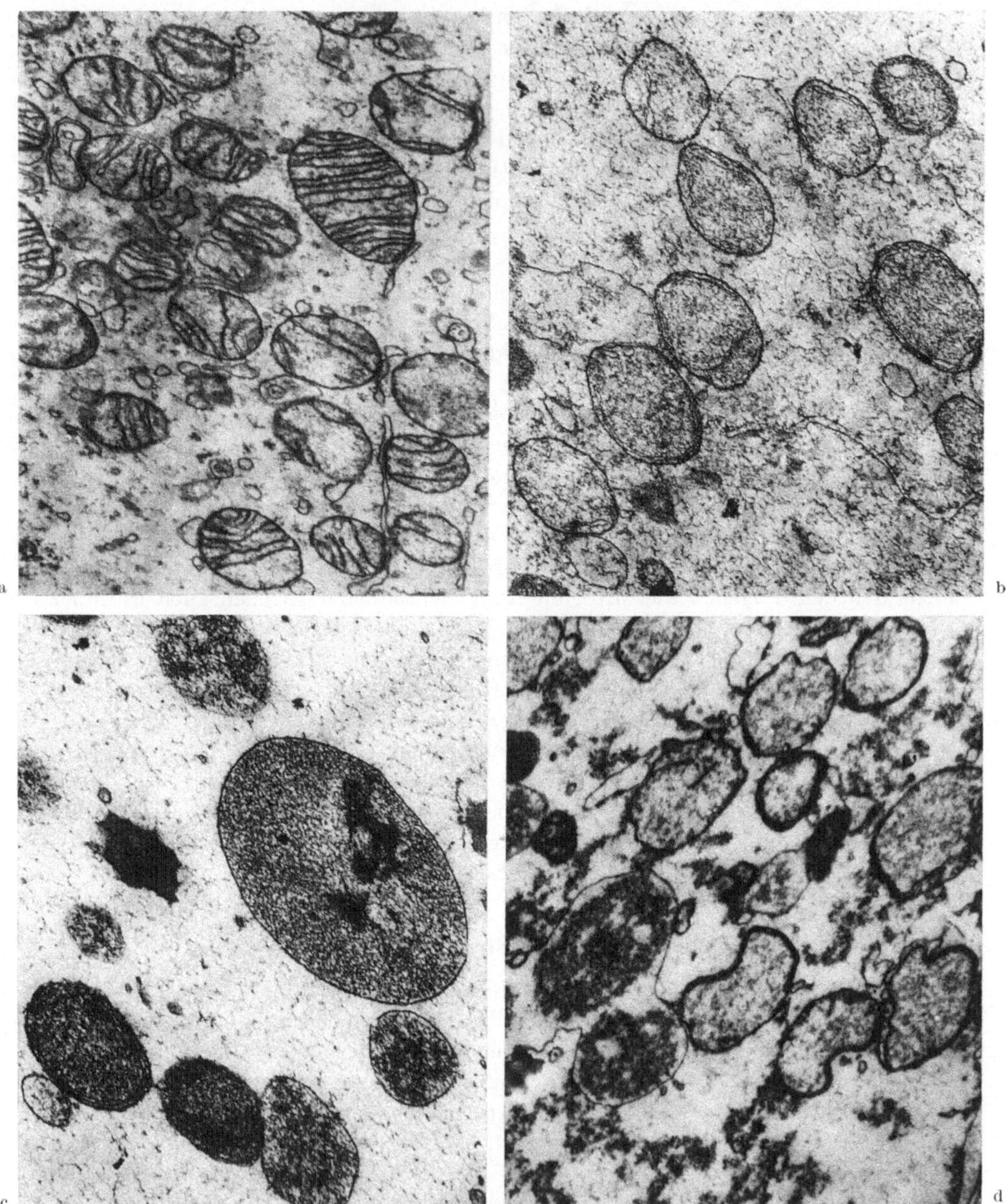

Abb. 33a—d. Entwicklungsformen der Mitochondrien in Kanincheneizellen. a Mitochondrien eines Primäreies mit
reichhaltigem Leistensystem; b rund-ovale Körper in einer befruchteten Eizelle; c große rund-ovale Körper mit
Kondensation der Matrix; d Mitochondrien der Blastocyste. Die Reduktion des Leistensystems und die Vermehrung der Grundsubstanz werden als Speichervorgänge gedeutet. Fix. OsO₄, Kontrastierung PbO, Einbettung
Vestopal W. Vergr. ca. 33 000fach

Mitochondrienschale, untermischt mit zahlreichen Golgi-Lamellen, umgeben ist. Sichere Hinweise für eine direkte Umwandlung von Golgi-Strukturen in Dotterpartikel sind in der Säugeroocyte nicht gefunden worden. Bei *Strongylocentrotus* sind die gröberen Vacuolen des Golgi-Apparates (Dictyosome) nicht selten mit granulärer Substanz angefüllt, die in ihrer Struktur Übergänge zu organisierten Dotterplättchen zeigt. AFZELIUS (1956b) schließt daraus auf eine Kondensation der Dottersubstanz in der Golgi-Vacuole. Bei *Gastropoden* (*Crepidula fornicata* L.) liegt das kristalline Protein-Dotterkorn innerhalb einer lamellierten Schale, die von WORLEY und MORIBER (1960/61) als Golgi-Rest bezeichnet wird. Die osmiophilen Golgi-Lamellen umgeben hier das synthetisierte Produkt in ähnlicher Weise wie der lamelläre Akroblast das Akrosom bei der Spermatogenese. Auch in *Molluskeneiern* sollen nach BOLOGNARI (1960) die Golgistrukturen direkt an der Vitellogenese beteiligt sein.

3. Multivesiculäre Körper

Die *multivesiculären Körper* (multivesicular bodies: m.v.b's) gehören zum charakteristischen, jedoch nicht obligaten Bestand der Eizelle. Da sie bei verschiedenen Species bevorzugt in Dotterbildungszonen liegen, wird ihre Beteiligung an der Vitellogenese diskutiert. In „Lipoidfeldern" der Molch- und Froschoocyte (WARTENBERG, 1962; WARD, 1962: „fatty yolk centers") bilden sie zusammen mit Mitochondrien dichte Aggregate. WARTENBERG beobachtet sowohl einen direkten Umbau in Dottervorstufen als auch eine Inkorporation der m.v.b.'s in sog. Komplex-Cytosome. BALINSKI und DAVIS (1963) beschreiben Zwischenstufen einer schrittweisen Umwandlung von multivesiculären Körpern in Dotterschollen. Umgekehrt sollen aus reifen Dotterplättchen erneut m.v.b's entstehen können (PASTEELS und DE HARVEN, 1963; bei *Barnea*).

Zusammenfassung. Die Bildung der zelleigenen Reserven (Dottersubstanzen) wird in ein bestimmtes organellenreiches Zentrum des Ooplasma verlegt, das bei höherer Auflösung heterogenen Aufbau erkennen läßt. Dieser als Dotterkern (Corps de Balbiani) bezeichnete Bezirk ist in der Regel mit dem Cytozentrum der Eizelle identisch, d. h. Centrosom und umliegende Golgi-Felder sind bei den meisten Species die Grundstrukturen des Dotterkernes. Artspezifische Varianten entstehen durch die verschiedene Struktur der Randzone des Dotterkernes (Dotterkernlager, Parastrukturen). Die Organellen des Dotterkernlagers werden entweder direkt aus Elementen des Dotterkernes aufgebaut oder sie entwickeln sich zumindest in unmittelbarer Beziehung zu ihm. In der Eizelle des Menschen und des Kaninchens bestehen die Parastrukturen aus Mitochondrien und endoplasmatischen Lamellen, die bei der Dissoziation des Dotterkernes während der Wachstumsperiode in das Ooplasma verstreut werden. In der reifenden Eizelle ist schließlich die Mehrzahl der Organellen in einer breiten perinucleären und einer schmalen peripheren Zone vereinigt. Dieses Verteilungsmuster der Organellen ist in jungen polylecithalen Eizellen und im Säugerei grundsätzlich das gleiche. Mit der Dissemination des Dotterkernes setzt im lecithalen Ei die Bildung der Plättchen ein. Der Dotterkern ist demnach ein wichtiges Bildungszentrum der Zelle, zu dessen Aufgaben auch die Bereitstellung *der* Organellen zählt, die in einem zweiten Arbeitsgang in Dotterpartikel umgewandelt werden. Substantielle Beziehungen zur Dotterbildung haben aber praktisch alle definierten Organellen der Oocyte. Die Frage, ob die Säugereizelle eine den lecithalen Eiern vergleichbare Vitellogenese aufweist, läßt sich nur durch Beobachtung der weiteren Entwicklung der potentiell zur Dotterbildung fähigen Strukturen beantworten. In der formalen Genese der Amphibiendotterplättchen wird Material aus verschiedenen Quellen in Organellen vereinigt, die Wartenberg (1962) als Komplexcytosomen bezeichnet hat. In diesen Dottervorstufen wird das zugeführte Material gespeichert und organisiert. Daneben ist wahrscheinlich auch eine direkte Umwandlung von Mitochondrien in Dotterpartikel möglich. Für die Säugereizelle ist die direkte Transformation der Mitochondrien ein geläufiger Modus bei der Bildung von passageren Speicherstrukturen. Die Umwandlung führt aber nicht bis zu hochorganisierten Organellen mit biokristallinem Gefüge, sondern macht auf einer früheren, wahrscheinlich leichter mobilisierbaren Stufe halt (Pseudovitellogenese, abortive Vitellogenese).

VIII. Die Befruchtung

1. Die sogenannte Zonareaktion

Bestimmte Schutzmechanismen verhindern bei der heterogamen Befruchtung das Eindringen überzähliger Spermatozoen in die Eizelle. Oocyten mit entsprechenden Abschirmmechanismen werden als monosperm bezeichnet. Bei verschiedenen Tierarten (*Selachier, Elasmobranchier, Anneliden, Vögel* u. a.) ist polysperme Besamung physiologisch. Auch in diesen Fällen kommt aber nur *ein* Spermium zur Befruchtung; die übrigen degenerieren oder sind als sog. Merocytenkerne an der Verwertung des Dotters beteiligt (Starck, 1955). Entsprechend der Variabilität im Bau des Eizellcortex und der primären und sekundären Eihüllen sind die Abschirmmechanismen in der Tierreihe vielfach modifiziert. Das Schutzprinzip ist eine Kettenreaktion, die durch die Anheftung des befruchtenden Spermatozoon ausgelöst wird und durch Abgabe spezifischer zelleigener Agentien schlagartig eine Strukturverdichtung der Eihüllen bewirkt. Auf diese Weise wird die Penetration weiterer Spermatozoen verhindert (s. Rothschild, 1958; Zotin, 1958).

Bei verschiedenen *Mollusken* und *Echinodermen* (*Arbacia, Echinus, Psammechinus, Strongylocentrotus, Echinocardium, Clypeaster, Spatangus*) entsteht unter dem Reiz des befruchtenden Spermiums durch Abhebung des äußeren Blattes der bilaminären Eihüllmembran eine spezielle *Befruchtungsmembran,* die das Eindringen weiterer Spermien verhindert. Die Bildung der Befruchtungsmembran ist eine im Bereich des Kontaktpunktes beginnende sekundenschnelle Reaktion der Eizellperipherie, an der spezifische Granula der Eirinde substantiell beteiligt sind. Unter dem Begriff der *corticalen Granula* werden von Art zu Art unterschiedliche Körperchen aufgrund der gleichartigen peripheren Anordnung zusammengefaßt.

Im *Seeigelei* sind die Rindengranula ca. 1 μ große stark lichtbrechende runde oder ovale Körnchen von heterogener Struktur. Bei *Clypeaster* sind sie im Durchschnitt 0,8 μ groß (Endo, 1952), bei *Psammechinus* 1,0 μ (Wolpert und Mercer, 1961) und bei *Strongylocentrotus* 0,5 μ (Endo, 1952). Nach Afzelius (1956) sowie Wolpert und Mercer (1961)zeigen sie mosaikartigen Aufbau. Eine 70—80 Å dicke Hüllmembran umgibt die inhomogene Matrix. Endo (1952) findet bei Clypeaster und Strongylocentrotus die runden Granula in eine elektronendichte obere und eine lockerer strukturierte untere Hemisphäre unterteilt.

Die funktionelle Beteiligung dieser Granulationen an der Bildung der Befruchtungsmembran ist bei den genannten maritimen Avertebraten durch morphologische und experimentelle Untersuchungen bewiesen. Nach MOTOMURA (1941) und RUNNSTRÖM u. a. (1944, 1946), ENDO (1952), AFZELIUS (1956a) und WOLPERT und MERCER (1961) verschmilzt das Material der Rindengranula ganz oder zum Teil mit der Dottermembran (*vitelline membrane*). Diese im Seeigelei ca. 100 Å dicke Hüllmembran wird durch Einbeziehung des Granulamaterials auf das Fünffache verstärkt. Veränderungen des osmotischen Druckes der perivitellinen Flüssigkeit durch die Beimengung der Körnchensubstanz können möglicherweise die Abhebung der Befruchtungsmembran auslösen. Eine Erhöhung des kolloidosmotischen Druckes im wäßrigen *milieu externe* durch Proteinzusatz verhindert die Membranabhebung (LOEB, 1908). Nach elektronenmikroskopischen Untersuchungen von WOLPERT und MERCER (1961) ist die Eizellmembran von *Psammechinus* eine Doppelmembran, die sich bei der Rindenreaktion in eine äußere — die Befruchtungsmembran — und eine innere — die Plasmamembran — aufsplittert. Die Befruchtungsmembran wird durch Verschmelzung mit der Granulasubstanz versteift. Dieser Vorgang geht mit einer Erhöhung der Doppelbrechung einher. Nach Abhebung der Befruchtungsmembran ist die Eizellperipherie von einer schmalen Hyalinschicht eingenommen, die von Mikrovilli durchzogen wird (RUNNSTRÖM, 1958). Refertilisationsversuche von HAGSTRÖM und HAGSTRÖM (1954b) lassen vermuten, daß anionische Polysaccharide der Hyalinschicht die eigentliche Barriere gegen Polyspermie bilden. Unvollständige oder komplette Auflösung der Hyalinschicht durch Suspendierung der Eier in geeigneten Medien ermöglicht bei nachfolgender Insemination das unbegrenzte Eindringen von Spermien. Bildung und Elevation der Befruchtungsmembran sind demnach auffällige aber nicht entscheidende Schritte im Abschirmmechanismus gegen Polyspermie. Zahlreiche weitere Faktoren sind in den Dienst dieser Aufgabe gestellt. Die Verknüpfung der Faktoren zu einer Kausalkette ist allerdings hypothetisch. Nach RUNNSTRÖM u. a. (1959) bewirkt bereits die gelatinöse Hülle der Seeigeleier eine Selektion und Filterung der Spermatozoen. Zerstörung dieser Hülle durch Präzipitation erhöht die Befruchtungsrate (HAGSTRÖM, 1956). Der primäre Penetrationsblock läuft in einer blitzschnellen Welle über die Eizellperipherie und ist vor Ausbildung der Befruchtungsmembran wirksam. Er wird durch den Kontakt mit dem Spermienakrosom ausgelöst. DAN (1956), COLWIN und COLWIN (1957) sowie RUNNSTRÖM (1958) beobachten im Phasenkontrastmikroskop eine Farbänderung in der Oberflächenzone des Eies, die sich innerhalb von etwa 20 sec vom Kontaktpunkt ausgehend, sphärisch über die gesamte Oberfläche ausbreitet und der Granulaausstoßung unmittelbar vorausgeht. Auch unspezifische mechanische und chemische Reize können die corticale Reaktion auslösen (YAMAMOTO, T., 1939, 1956, bei *Teleostiern*, SUGIYAMA, 1953, bei *Hemicentrotus* und ALLEN, 1954, bei *Psammechinus*). Die Aktivierung kann lokal beschränkt sein und setzt sich nur bei Einhaltung bestimmter Milieubedingungen (Calciumgehalt) wellenförmig über die gesamte Eioberfläche fort. Durch Behandlung mit bestimmten Aminosäuren und Perjodaten wird beim Seeigelei die Rigidität der Eihüllen herabgesetzt. KRISZAT (1956) vermutet, daß diese, die Befruchtungsfähigkeit steigernde „Präaktivierung" auf einer Depolymerisation makromolekularer Komplexe beruht, die in ähnlicher Form auch im Gefolge der physiologischen Befruchtung eintritt.

Spezielle Areale der polar orientierten Eizelle sind offenbar bevorzugt auf aktivierende Impulse ansprechbar (Runnström und Mannelli, 1964). In der Bildung der Hyalinschicht sehen Runnström und Manelli die endgültige Barriere gegen das Eindringen überzähliger Spermatozoen. Am organischen Aufbau der Hyalinschicht sind in Analogie zur cytoplasmatischen Grundsubstanz saure Mucopolysaccharide, Lipoide und Nucleinsäuren beteiligt (Brown und Danielli, 1964). Außer dem Granulamaterial (Endo, 1952) tragen vermutlich Abscheidungsprodukte des corticalen Cytoplasma zum Aufbau der hyalinen Zone bei. Quecksilbersalze können durch Bindung der S-H-Gruppen der anionischen Polysaccharide die Barrierenfunktion der Hyalinschicht aufheben. Auf diese Weise konnten Runnström und Manelli (1964) bei den normalerweise monospermen Eiern von *Paracentrotus lividus* experimentell Polyspermie erzeugen. Durch Zugabe von Cystein ließ sich die Wirkung der Hg-Salze z. T. wieder rückgängig machen. Die beschriebenen Schutzmechanismen gegen Polyspermie sind beim Seeigel erst im reifen postmeiotischen Ei wirksam. In Eizellen aus Primärfollikel können Spermatozoen ungehindert eindringen, ohne daß es jedoch zur effektiven Befruchtung mit Bildung und Verschmelzung der Gametenvorkerne kommt (Runnström, Hagström und Perlmann, 1959).

Die Säugeroocyte ist durch die mehr oder weniger stark ausgebildete Zona pellucida umhüllt und stabilisiert. Untersuchungen in vitro zeigen, daß die Zona pellucida im Befruchtungsprozeß des Säugereies Aufgaben übernimmt, die der sog. corticalen Reaktion analog sind. Der Schutzeffekt ist mehr oder weniger verläßlich. Beim *Schaf*, *Hund* und *Hamster* verhindert die Zona in der Regel das Eindringen überzähliger Spermatozoen, bei *Ratte*, *Maus*, *Meerschweinchen* und *Katze* vermögen einzelne, bei *Kaninchen* und *Maulwurf* sogar zahlreiche weitere Spermatozoen im Gefolge oder gemeinsam mit dem befruchtenden Spermium die Zona zu durchdringen.

Das differente Verhalten der Zona unbefruchteter und befruchteter Eizellen gegenüber proteolytischen Fermenten läßt auf Veränderungen der Proteidstruktur nach der Ovulation bzw. Spermatozoenpenetration schließen. Während Hyaluronidase und Fibrinolysine die Zona pellucida vom Ratten- und Kaninchenei nicht angreifen, ist in vitro ein digestiver Effekt vom Chymotrypsin und Pankreatin an *unbefruchteten* nicht aber an befruchteten Eiern erkennbar (Chang und Hunt, 1956). Ein Zusammenhang zwischen Proteinasenempfindlichkeit und „Filterwirkung" besteht nicht. Das monosperme, also über gute Schutzmechanismen verfügende Hamsterei zeigt in vitro *post fertilisationem* keine Veränderungen im Verhalten gegenüber proteolytischen Enzymen.

Die endgültige Blockade ist vom Zeitpunkt des Wirkungseintritts abhängig. Bei der Ratte beträgt die Latenzzeit bis zum Abschluß der Reaktionskette 10 min bis 2 Std (Austin, 1956, 1961). Während der Effekt der Blockade bei Studien in vitro deutlich wird, ist der zugrundeliegende Reaktionsablauf noch völlig unbekannt. Vermutlich geht der Membranverfestigung (*hardening of the chorion*) die Freisetzung einer diffusiblen Substanz voraus, die als Reaktionsvermittler oder spezifischer „Stabilisator" wirksam wird. Die Freigabe dieser hypothetischen Substanz steht möglicherweise auch im Säugerei mit der Auflösung bestimmter granulärer Einschlüsse der Oocytenperipherie in Zusammenhang. Im Ei des *Goldhamsters* (Austin, 1961; Szollosi, 1962), des *Kaninchens* (Hadek, 1962), der

Ratte und des *Meerschweinchens* (SZOLLOSI, 1962) und des Rhesusaffen (HOPE, 1965) sind corticale Granula beschrieben worden, die nach Bau und Arrangement den Rindengranula der Avertebrateneier vergleichbar sind. Beim Hamster handelt es sich um 0,1—0,5 μ große stark lichtbrechende Körnchen, die in einer Dichte von 50—100/100 μ³ in der Rindenzone des Ooplasma verteilt sind. HADEK (1962) findet unter dem Oolemma der reifen Kaninchenoocyte 0,08—0,2 μ große elektronendichte Granula von homogenem Aufbau und diskontinuierlicher Verteilung. Nach den Befunden von SZOLLOSI und eigenen Untersuchungen können sie offenbar ubiquitär im Cytoplasma entstehen; erst im reifenden Ei wandern sie in die corticale Zone. Die Zahl der Granula soll nach der Ovulation zunehmen. Das Verschwinden der Granula unmittelbar nach Imprägnation des Spermiums läßt auf eine funktionelle Beteiligung der Körnchen an der sog. Zonareaktion schließen; auch HADEK (1962) kann im befruchteten und sich furchenden Ei des Kaninchens elektronenmikroskopisch keine typischen Rindengranula mehr nachweisen. Der Beweis für eine substantielle Beteiligung der Granula am Abschirmmechanismus gegen Polyspermie steht allerdings noch aus.

2. Die Imprägnation

Die Imprägnation wird mit der Anheftung des Spermatozoon an der Eizellperipherie eingeleitet. Die erste Kontaktaufnahme vermittelt der apikale Pol des von Art zu Art unterschiedlich profilierten Spermienkopfes. Die Kenntnis der Feinstruktur des Spermatozoenkopfes ist daher für das Verständnis des Imprägnationsvorganges von besonderem Interesse. Gewöhnlich wird die Summe der apikalen Strukturen — entgegen der ursprünglichen Definition von LENHOSSEK — als Acrosom bezeichnet. Elektronenmikroskopische Untersuchungen haben gezeigt, daß dieser Bereich für die Vereinigung der Gameten von fundamentaler Bedeutung ist. COLWIN und COLWIN (1960a, 1961a und b) schlagen vor, alle von einer selbständigen Acrosomenmembran umschlossenen Elemente unter dem Begriff des Acrosom zusammenzufassen. Im Falle der von ihnen untersuchten Annelidenspermatozoen also das Acrosomenvesikel mit dem Acrosomengranulum inklusive des zonal gegliederten basalen Abschnittes, der den vorderen Kernpol abplattet.

Nicht bei allen bisher untersuchten Tierarten ist jedoch eine allseitig distinkte Acrosomenmembran erkennbar. DAN (1960) findet beim Starfischspermatozoon die Basalplatte des Acrosomenfilamentes fest mit der benachbarten Kernmembran verlötet. Bei *Hydroides hexagonus* (Annelida) ist dagegen die Membran des vesiculären Acrosoms klar von der Kernmembran getrennt (COLWIN und COLWIN). Spermatozoenkern und Acrosom erscheinen als selbständige binnenzellige Systeme, die allerdings unter physiologischen Bedingungen auch während der Penetration miteinander verbunden bleiben.

Bei den zahlreichen Arten des Seeigels zeigen die Spermatozoen speciesspezifische Modifikationen in der Differenzierung der acrosomalen Region (AFZELIUS, 1955b). Im nichtaktivierten Zustand ist die Spitzenregion des Spermatozoon lückenlos von der Zellplasmamembran bedeckt. Eine präformierte porenförmige Öffnung (Mikropyle: POPA, 1927) zur Ausstoßung acrosomaler Substanz kann AFZELIUS elektronenmikroskopisch nicht nachweisen. Über das Verhalten des Spermatozoenacrosoms bei der Anheftung und Penetration geben die interessanten Befunde von COLWIN u. HUNTER (1961b) an *Hydroides hexagonus* nähere Auskunft (Abb. 34). Beim Auftreffen des Spermatozoenkopfes auf die Dottermembran der polyspermen Eier werden Zellplasma- und Acrosomenmembran aufgebrochen; beide Membranen verschmelzen an den Bruchrändern der neugebildeten Öffnung. Dadurch entsteht ein lippenförmig begrenzter Porus, an dessen Rändern Zellmembran und Acrosomenmembran ineinander übergehen. Durch zunehmende Ausstülpung des Acrosomenbläschens dringt der Spermatozoenkopf tiefer in die Substanz der Dottermembran ein; dabei wird das granuläre Material evertiert und vorausgeschobcn. Die fortschreitende Verringerung dieser Substanz beim Tiefertreten des Spermatozoenkopfes legt die Vermutung nahe, daß es sich um ein

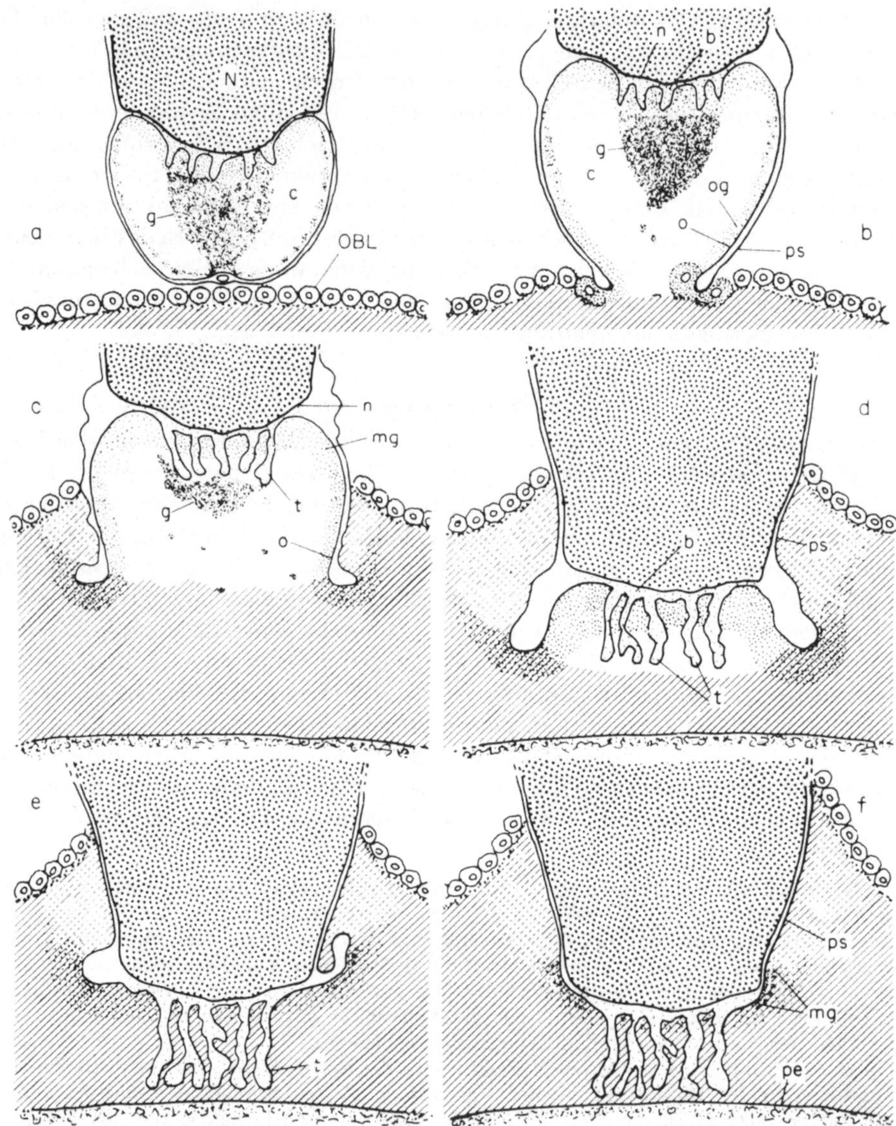

Abb. 34a—f. Schematische Darstellung verschiedener Stadien der Spermienpenetration bei Hydroides hexagonus. a Erste Kontaktaufnahme des Akrosoms mit der Dottermembran; b Oberflächen- und Akrosomenmembran sind aufgebrochen und an den Bruchrändern verschmolzen; c—e der granuläre Inhalt des Akrosomenbläschens wird evertiert und zunehmend verbraucht; f die Akrosomentubuli treten in Kontakt mit dem Oolemma. Zeichenerklärung: b granuläres Material zwischen Kernmembran und Basis des Akrosomenbläschens, c Akrosomenvesikel, g Akrosomengranula sowie og granuläre, der Akrosomenmembran anliegende Schicht, o Akrosomenmembran, pe Eiplasmamembran, ps Spermatozoenplasmamembran, t Akrosomentubuli. Aus Colwin, L. H., und A. L. Colwin, J. Biophys. Biochem. Cytol. 10 (1961)

spezifisches Lysin handelt, das bei der fermentativen Auflösung der Eihüllensubstanz aufgebraucht wird.

HIBBARD (1928) und WINTREBERT (1929, 1933) fanden bereits in Spermienextrakten von *Disglossus* membranotrope Lysine. Später haben TYLER (1939), VAN MEDEM (1942), BERG (1950), KRAUSS (1950), WADA, COLLIER und DAN (1956) aus Spermienkonzentraten von *Mytilus* und anderen maritimen Avertebraten enzymatisch wirksame Extrakte hergestellt. Bei *Hydroides hexagonus* ist die lytische Aktivität wäßriger Extrakte auf die mittleren Anteile der zonal gegliederten Eihüllen beschränkt (HUNTER COLWIN und COLWIN, 1960). Die äußere Lage der Eihüllen wird bei Behandlung mit Spermienextrakt lediglich abgehoben, während die mittlere Schicht gelockert und schließlich völlig zerstört werden kann. Befruchtete und unbefruchtete Eier werden in gleicher Weise von der Lösung angegriffen. Elektronenmikroskopische Untersuchungen stützen die Vermutung, daß der Mechanismus der Spermatozoenpenetration im wesentlichen auf der Wirkung zelleigener Lysine beruht. Über den formalen Ablauf der Spermatozoenpenetration bei verschiedenen Avertebraten geben die elektronenmikroskopischen Untersuchungen von COLWIN und COLWIN (1960, 1961 a und b), PASTEELS (1965) und FRANKLIN (1965) wertvolle Aufschlüsse. Der lokalisierte enzymatische Effekt führt zu einer progressiven Aushöhlung und Tunnelung der Eihüllen. Vacuolenbildung durch das befruchtende Spermium ist auch lichtmikroskopisch in den Eimembranen von *Mytilus* (MEVES, 1915; WADA, COLLIER und DAN, 1956), *Saccoglossus* (COLWIN und COLWIN, 1954) und *Mus decumanus* (AUSTIN, 1951) beschrieben worden.

Verschiedene Indizien sprechen dafür, daß auch bei der Fertilisation der Säugeroocyte lytische Agentien beteiligt sind, die nach Ablösung des Acrosoms freigegeben werden (BOWEN, 1924; AUSTIN und BISHOP, 1958).

Über die Histochemie des Acrosomenmaterials liegen vereinzelte Mitteilungen vor. Menschliche Spermatiden bilden die feingranuläre acrosomale Substanz in einer Vacuole, die in unmittelbarer Nachbarschaft des Golgi-Komplexes entsteht. Die Acrosomenvacuole plattet sich ab und legt sich kalottenförmig dem ellipsoiden Kern auf (FAWCETT, 1958; HORSTMANN, 1961). Mit zunehmender Reifung der Spermatide wird die acrosomale Substanz verdichtet und das umgebende Cytoplasma auf eine mantelartige Zone verdrängt. Auch zwischen den korrespondierenden Abschnitten der Kern- und Acrosomenmembran liegt nur eine sehr schmale cytoplasmatische Zone. Im reifen Spermatozoon des Menschen ist also die granuläre Substanz des Acrosoms allseitig von einer kontinuierlichen Membran umgeben, d. h. das aus dichtem, feinkörnigem Material bestehende Acrosom ist ein voluminöser Einschluß des apikalen Cytoplasma.

Auf sehr ähnliche Weise verläuft die formale Genese des Acrosoms in der Spermatide von *Felis domestica* (BURGOS und FAWCETT, 1955). zu Beginn bildet die Acrosomensubstanz ein granulöses Aggregat, welches frei in der weiträumigen Acrosomenvacuole liegt. Später verlagert sich der Golgi-Komplex mit zunehmender Streckung der Spermatide, die Acrosomenvacuole kollabiert und legt sich in einer Duplikatur über das apikale Segment des Spermatozoenkernes.

Färberisch läßt sich an der Spermatide eine innere dichte Zone von einer helleren Außenzone unterscheiden. Phasengerechte Untersuchungen der Spermiohistogenese zeigen, daß die Substanz des Acrosomengranulums mit der Zwischen-

substanz der späteren Kopfkappe identisch ist (Horstmann, 1961). Der von
Gatenby und Beams (1935) gewählte Begriff der Acrosomenkappe ist daher zu-
treffender als eine terminologische Trennung von Acrosom und Kopfkappe
(Galea capitis). Die PAS-Reaktion ist im Ablauf der Spermiohistogenese vorüber-

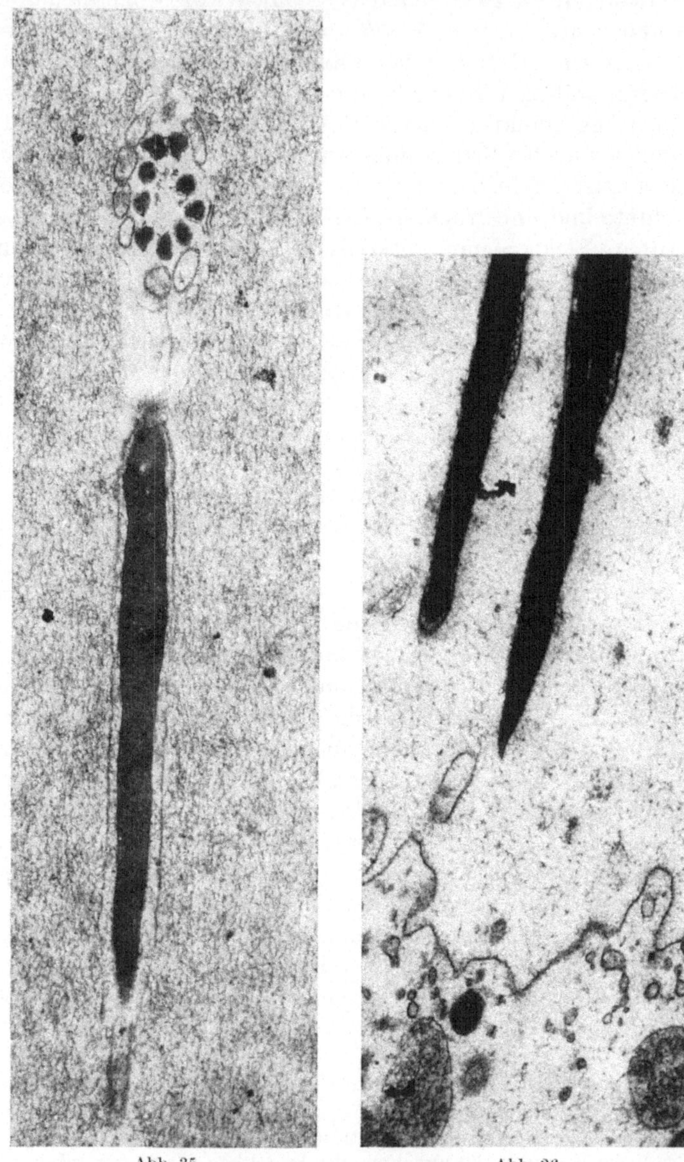

Abb. 35   Abb. 36

Abb. 35. Spermatozoenkopf und Mittelstück in der Zona pellucida des Kaninchens, die Cytoplasmamembran des
Kopfstückes ist erhalten. Im Bild oben das Mittelstück mit Filamentenbündeln und Mitochondrienkranz. Fix.
OsO_4, Kontrastierung Uranylacetat und $KMnO_4$, Einbettung Vestopal W. Vergr. 18000fach

Abb. 36. Längsschnitte durch Spermatozoenköpfe in der Zona pellucida des Kaninchens. Links Spermatozoenkopf
mit erhaltener Kopfkappe, rechts mit lanzettenförmigem Kopffortsatz („apical body"). Fix. OsO_4, Kontrastierung
Uranylacetat und $KMnO_4$, Einbettung Vestopal W. Vergr. 15000fach

gehend positiv, in der letzten Phase der Reifung wird sie erneut negativ. Möglicherweise wird die chemische Struktur der Acrosomensubstanz im Verlaufe der Differenzierung geändert. Der Verlust der Perjodatreaktivität mit zunehmender Reifung kann auch lediglich durch höhere Dispersität des Materials bedingt sein (Burgos und Fawcett, 1956). Die PAS-Reaktion weist auf den Gehalt an Kohlenhydraten hin. Bei der chromatographischen Trennung der kohlenhydrathaltigen Extrakte aus isoliertem Acrosomenmaterial des Meerschweinchens finden Clermont, Glegg und Leblond (1955) Mannose, Galaktose und Fructose. In vivo

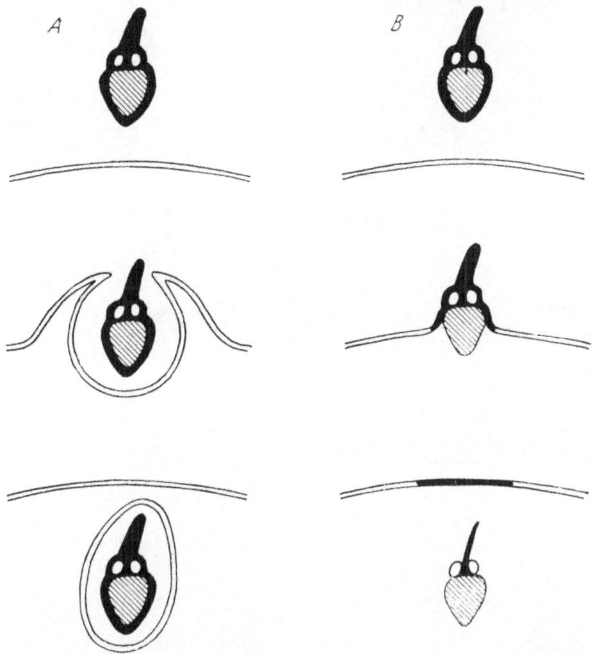

Abb. 37. Schematische Darstellung zur Erläuterung der Membranbewegungen bei der Phagocytose (A) und Spermatozoenimprägnation (B) nach einem Diagramm von Szollosi, J. Biophys. Biochem. Cytol. **10** (1961) umgezeichnet

dürften die Kohlenhydrate in Proteidbindung vorliegen. Nach Leuchtenberger und Schrader (1950) beruht die positive PAS-Reaktion zumindest partiell auf der Anwesenheit von Hyaluronidase. Der Zeitpunkt des ersten Auftretens enzymatischer Aktivität in Testeshomogenaten stimmt nahezu mit dem Beginn der Bildung acrosomaler Substanz überein. Direkte topochemische Enzymnachweise im Spermatozoenacrosom der Mammalier stehen noch aus.

Ob spaltförmige Räume im Zonamaterial auf die fermentative Tätigkeit der Spermatozoen zurückzuführen sind oder lediglich Fixierungsartefakte bzw. radiäre Tunnel für Follikelzellfortsätze darstellen, ist nicht sicher zu unterscheiden. Sobotta (1895), Sobotta und Burckhard (1910) sowie später Austin und Bishop (1958) und Dickmann (1965) wollen beobachtet haben, daß die Zona pellucida von den Spermatozoen in der Regel in schräger Richtung durchdrungen wird. Aus der elektronenmikroskopischen Struktur der Zona ergeben sich keine Hinweise, die dieses Verhalten erklären könnten.

Die Grundsubstanz der Zona pellucida ist in Präparaten, die mit Osmium oder Glutaraldehyd fixiert wurden, amorph. Sie kann bei älteren, noch in situ gelegenen Oocyten im einahen Bereich stärker verdichtet sein. Die mit histochemischen

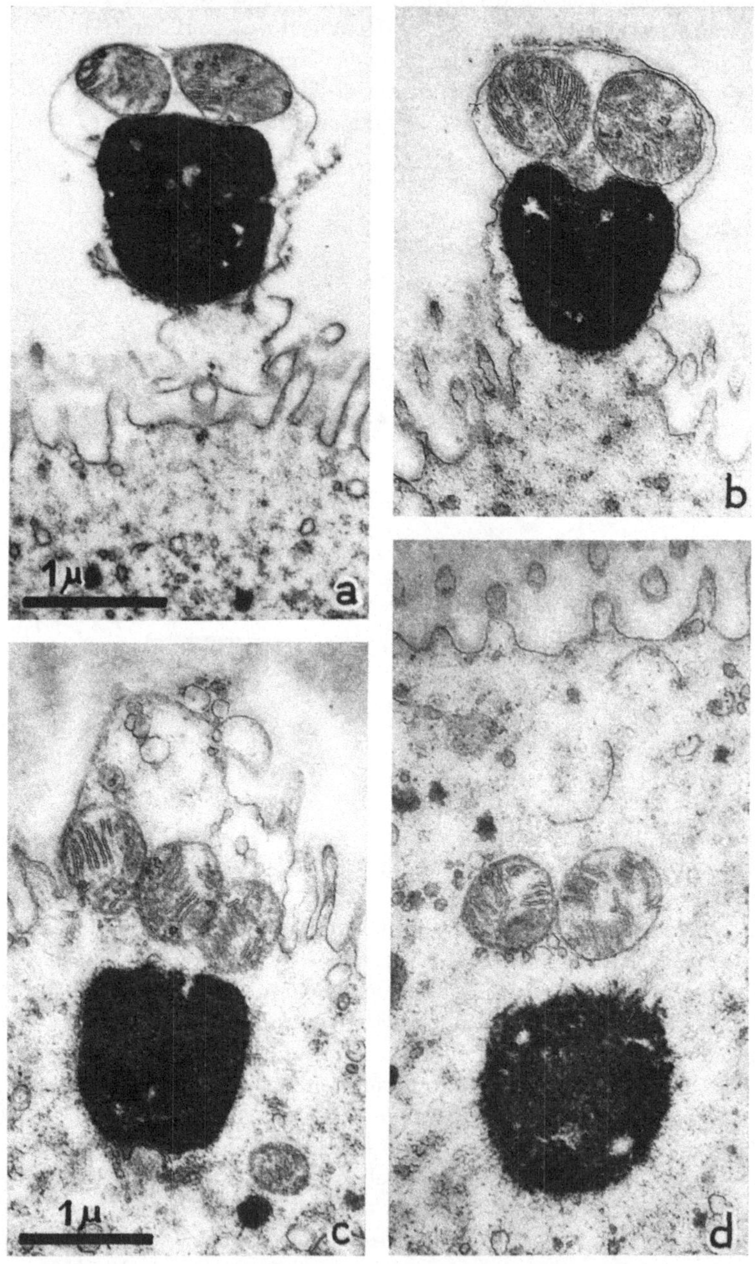

Abb. 38a—d. Verschiedene Stadien der Imprägnation bei *Barnea candida*. a Das Spermatozoon legt sich dem Oolemma an. Spermatozoen- und Eiplasmamembran sind noch kontinuierlich und voneinander getrennt; b die Oberflächenmembranen sind verschmolzen; c und d Incorporation des Spermatozoenkopfes und der Mitochondrien des Mittelstückes. Abbildung von Prof. J. J. Pasteels, Brüssel

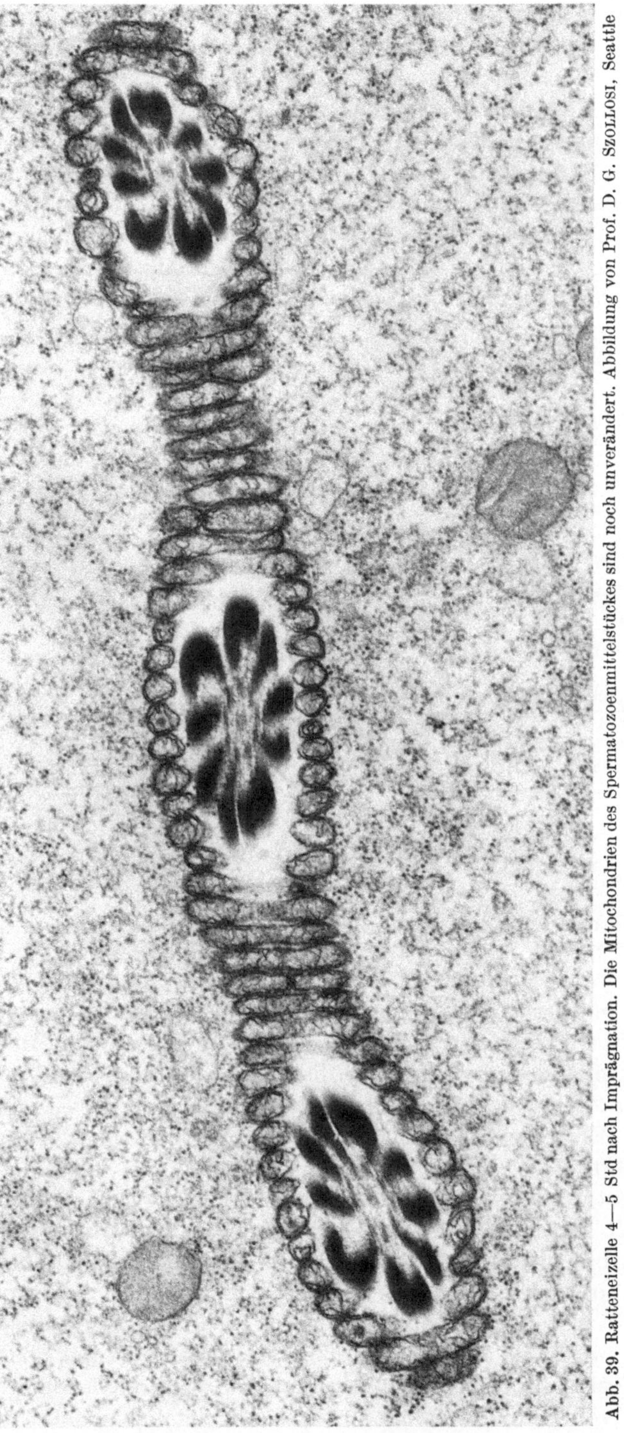

Abb. 39. Ratteneizelle 4—5 Std nach Imprägnation. Die Mitochondrien des Spermatozoenmittelstückes sind noch unverändert. Abbildung von Prof. D. G. SZOLLOSI, Seattle

Methoden nachweisbare Schichtung (Stegner und Wartenberg, 1962) kommt in der submikroskopischen Struktur nicht zur Darstellung. Hope (1965) findet allerdings in Eizellen von *Macacus rhesus* Unterschiede in der Partikelgröße des Zonamaterials. Die äußere konzentrische Zone zeigt eine gröbere Granulation als die innere. In der wachsenden und reifenden Eizelle ist die Zona von Cytoplasmafortsätzen der Follikelzellen durchzogen. Nach Retraktion der fein- oder großkalibrigen Fortsätze werden die Lücken kurzfristig geschlossen. Die Zona der ovulierten Eier ist in der Regel von homogen-amorpher Beschaffenheit und frei von Spaltbildung oder „Tunneln". Beim Kaninchen bildet sie bekanntlich keinen verläßlichen Schutz gegen Polyspermie. Nach der Begattung finden sich daher

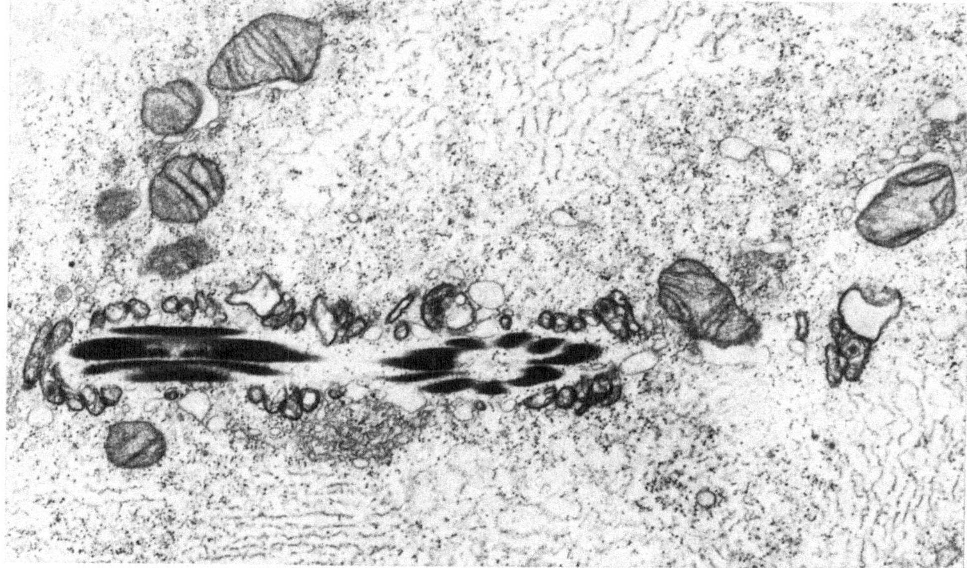

Abb. 40. Befruchtete Ratteneizelle im 2-Zellstadium. Deutliche Zeichen der Degeneration in den Mitochondrien des Spermatozoenmittelstückes. Abbildung von Prof. D. G. Szollosi, Seattle

immer zahlreiche Spermatozoen, die verschieden weit eingedrungen sind oder den perivitellinen Spalt bereits erreicht haben. Im konservierenden Milieu der Zonagrundsubstanz sind sie, zumindest für die Dauer der Blastogenese, unverändert haltbar. In der Zona von 3 Tage alten Blastocysten finden sich noch zahlreiche Spermatozoen. Erst nach Dissoziation der Zona werden sie offenbar freigegeben und phagocytiert.

Bei der Penetration ist keine bevorzugte Richtung nachzuweisen. Im perivitellinen Spalt liegen die Spermatozoen oft tangenital zur Eiperipherie. Das Kaninchenspermatozoon verliert während der Penetration Cytoplasmahülle und Kopfkappe (Abb. 35 und 36). Der konische Kopffortsatz (Perforatorium, apikaler Körper) bleibt erhalten. Die Kopfkappe ist offenbar mit dem Acrosom identisch, ihre Substanz wird bei der Penetration verbraucht. Präapikale Vacuolen als Zeichen progressiver Auflösung des Zonamaterials sind nicht nachweisbar.

Die Fusion von Ei- und Samenzelle unterscheidet sich grundsätzlich von den bekannten Mechanismen der Phagocytose (Abb. 37). Bei der Phagocytose wird

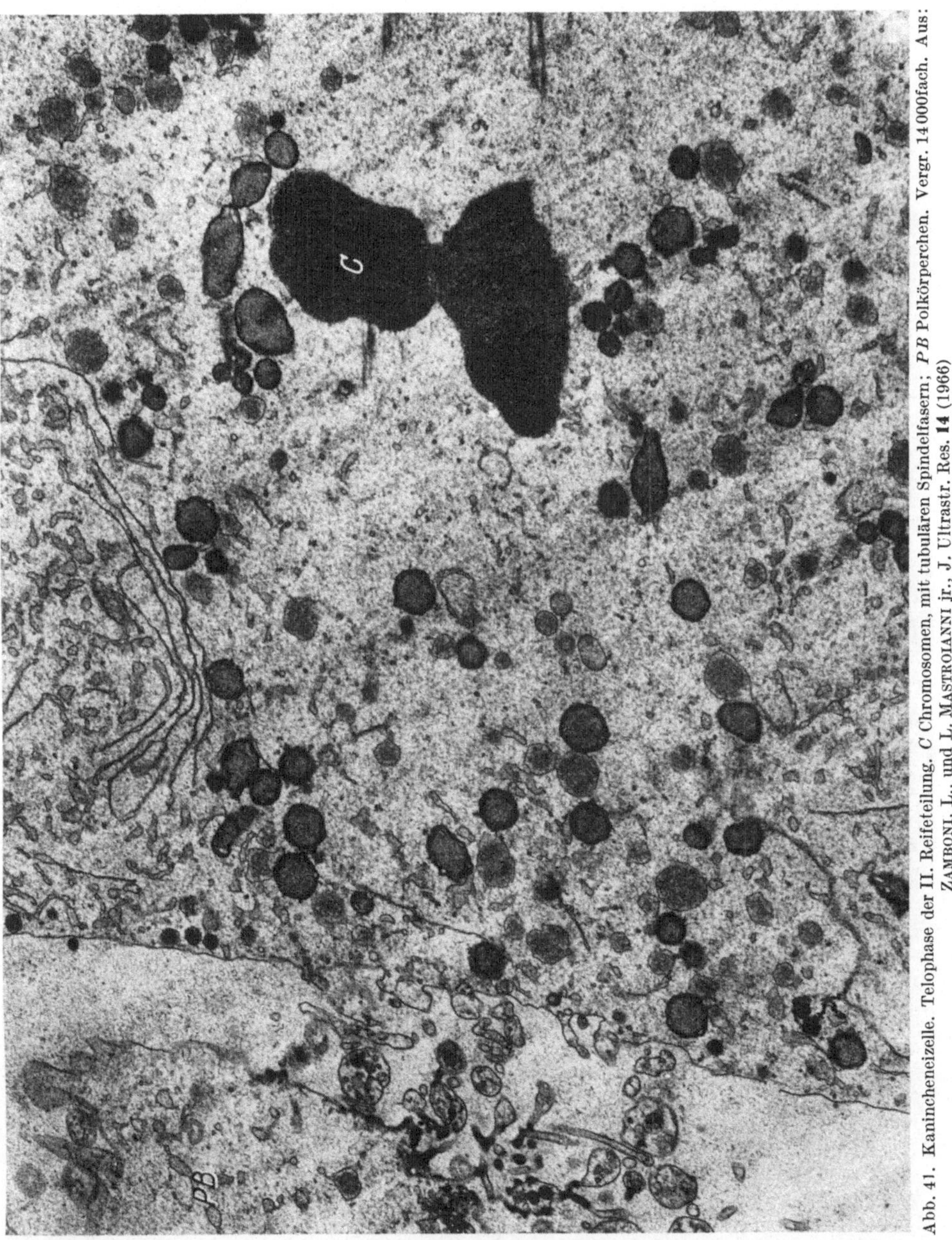

Abb. 41. Kanincheneizelle. Telophase der II. Reifeteilung. *C* Chromosomen, mit tubulären Spindelfasern; *PB* Polkörperchen. Vergr. 14000fach. Aus: ZAMBONI, L., und L. MASTROIANNI jr., J. Ultrastr. Res. **14** (1966)

eine fremde Zelle oder ein Fremdpartikel zunächst durch Cytoplasmafortsätze umschlossen und danach durch Membranvesiculation in eine endoplasmatische Vacuole aufgenommen. Das inkorporierte Material liegt also korrekt genommen noch im *Milieu externe*. Das Spermatozoon dagegen tritt bei der Befruchtung nach Überwindung der Eihüllen von Anfang an in symplasmale Verbindung mit der Eizelle (s. SZOLLOSI und RIS, 1961, bei der Ratte; PASTEELS, 1965; FRANKLIN, 1965; COLWIN und COLWIN u. a., bei Avertebraten). Das setzt die partielle Auf-

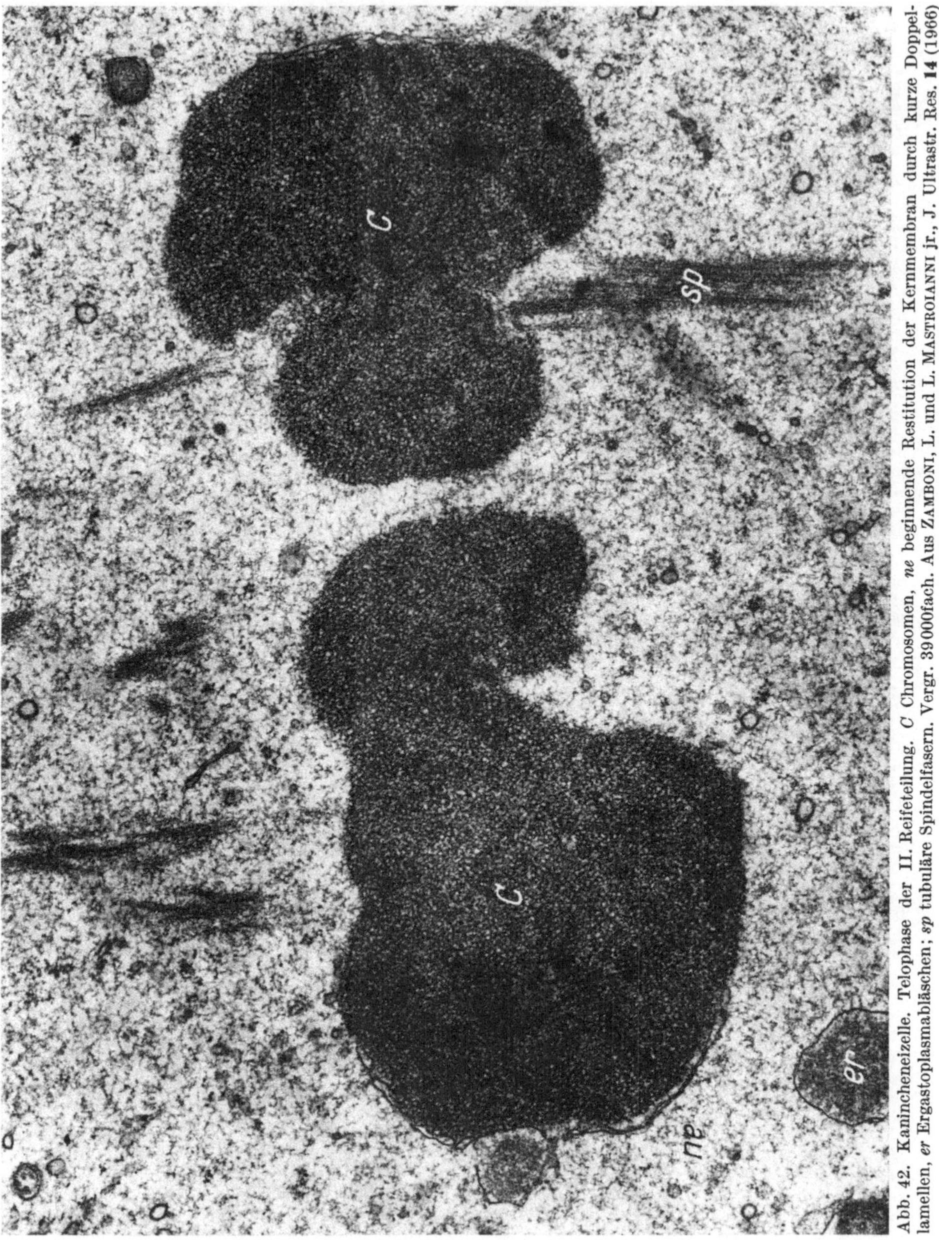

Abb. 42. Kanincheneizelle. Telophase der II. Reifeteilung. *C* Chromosomen, *ne* beginnende Restitution der Kernmembran durch kurze Doppellamellen, *er* Ergastoplasmabläschen; *sp* tubuläre Spindelfasern. Vergr. 39000fach. Aus Zamboni, L. und L. Mastroianni jr., J. Ultrastr. Res. **14** (1966)

lösung der Zellmembranen voraus. Abb. 38 zeigt die verschiedenen Phasen der Gametenfusion von *Barnea candida*. Im Bild a legt sich das befruchtende Spermium der durch Mikrovilli gegliederten Eioberfläche an. Spermatozoen- und Eimembran sind noch kontinuierlich und voneinander getrennt. Im Bild b sind die Membranen miteinander verschmolzen. Die Spermatozoenmembran geht in die Oocytenmembran über. In c und d ist die Inkorporation des Spermatozoenkopfes und der Mitochondrien des Mittelstückes vollzogen. Nach den ultramikroskopischen Beobachtungen von Piko u. Tyler (1964) bei der Ratte wird der Spermatozoenkopf zunächst von Mikrovilli des Oolemma „umhalst" und in eine Vacuole aufgenommen (Specific phagocytosis). Die Verschmelzung der Spermatozoen- und Eimembran ist nach ihren Befunden ein sekundärer Vorgang.

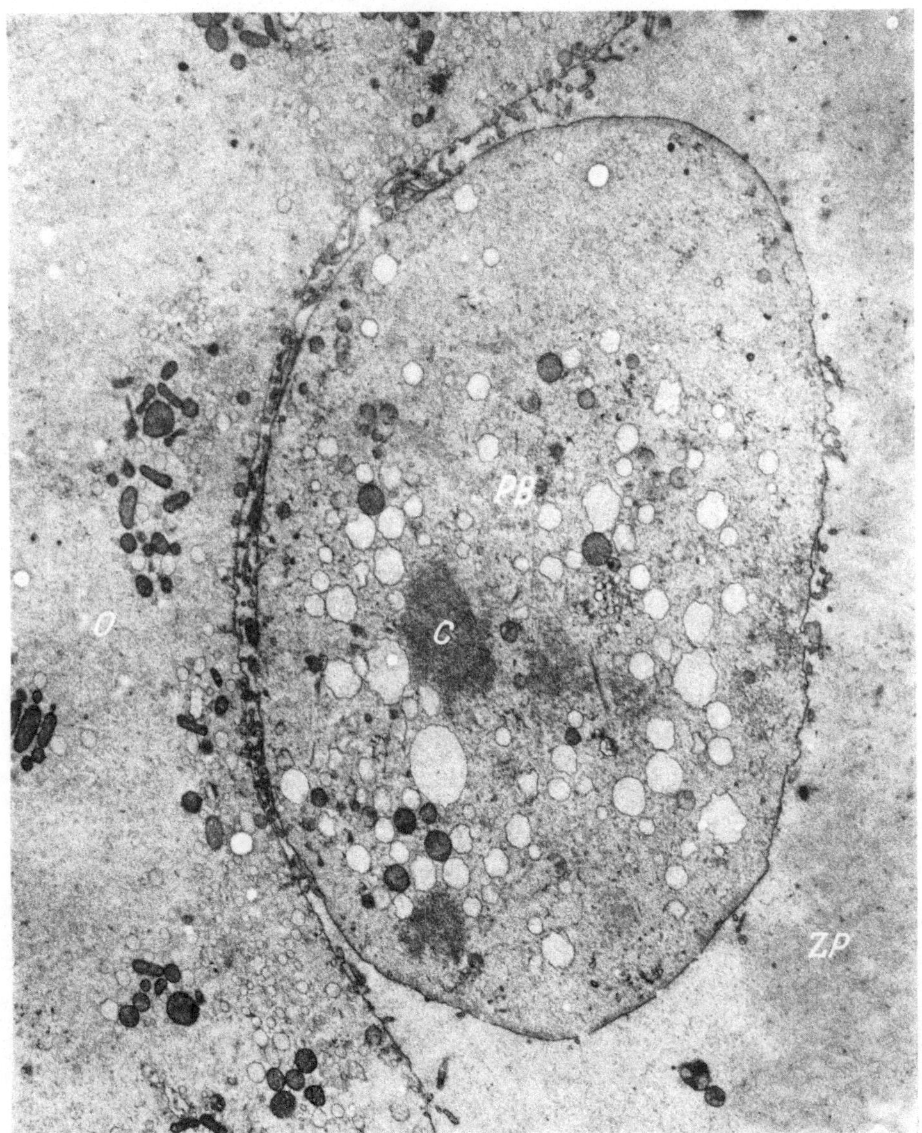

Abb. 43. Kanincheneizelle mit 1. Polkörperchen (*PB*). *O* Ooplasma, *C* Chromosomen des Polkörperchens, *ZP* Zona pellucida. Vergr. 7800fach. Aus Zamboni, L. und Mastroianni jr., J. Ultrastr. Res. **14** (1966)

Das Verhalten der vom Spermatozoon abstammenden Mitochondrien erfordert besondere Beachtung, seitdem bekannt ist, daß Mitochondrien in besonderen Fällen über DNS-haltige Binnenstrukturen verfügen können (s. Nass, 1965). Mit der Einverleibung von mitochondrialer DNS der Spermatozoen könnte auch extranucleäres genetisches Material der Eizelle übertragen werden.

Szollosi (1965) hat das Schicksal der in das Ooplasma aufgenommenen Spermatozoenmitochondrien beim Kaninchen elektronenmikroskopisch verfolgt. Im Stadium der Vorkerne liegen die Mitochondrien des Spermatozoenmittel-

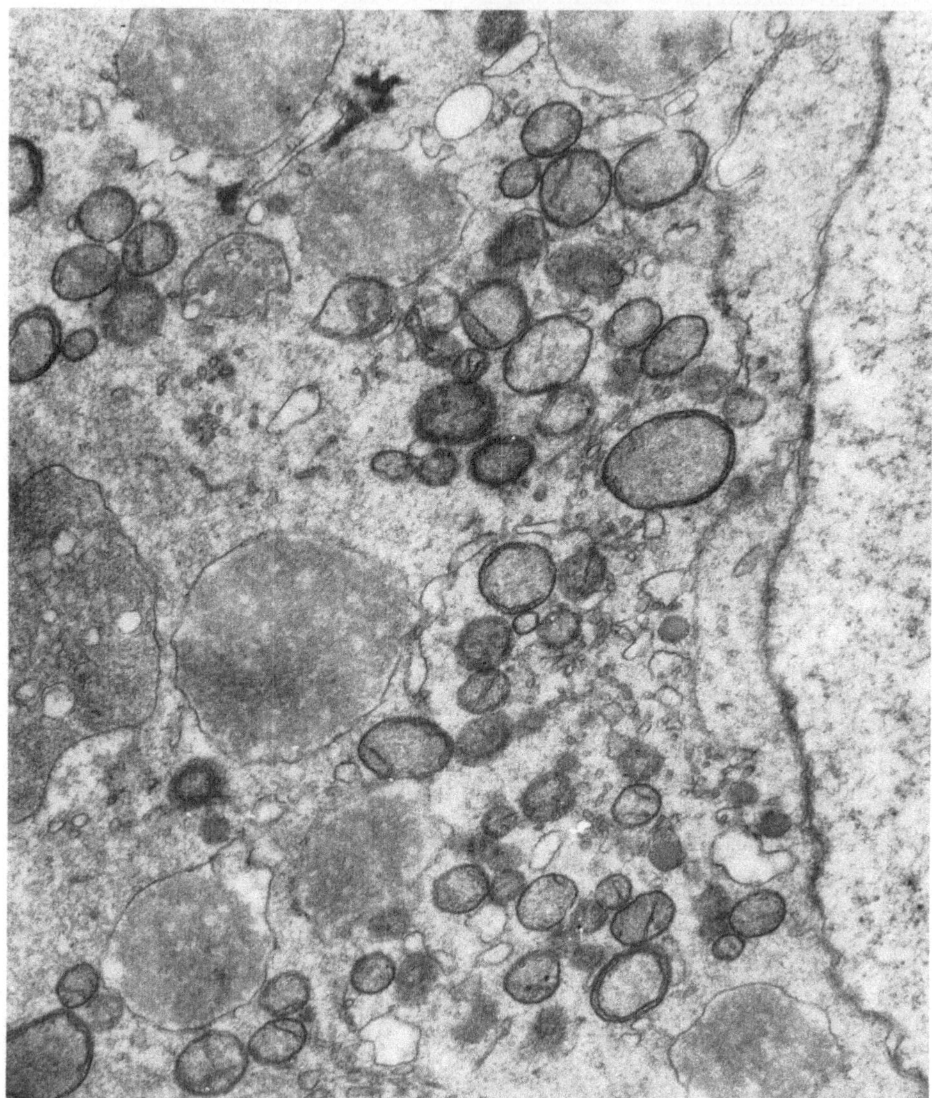

Abb. 44. Befruchtetes Kaninchenei vor Bildung der Vorkerne. Rechts Mitochondrien in verschiedenen Stadien der Entwicklung. Links große endoplasmatische Vesikel mit kondensiertem Material. Fix. OsO₄, Kontrastierung PbO, Einbettung Vestopal W. Vergr. 22000fach

stückes noch unverändert im Cytoplasma der Eizelle (Abb. 39). Schon nach der ersten Furchungsteilung zeigen sie degenerative Veränderungen. Man erkennt eine deutliche Schrumpfung und schließlich eine Fragmentation der Membranen (Abb. 40). Soweit aus diesen Einzelbeobachtungen Schlüsse gerechtfertigt sind, läßt sich feststellen, daß die mit dem Spermium eingedrungenen Mitochondrien offenbar nicht intakt und reduplikationsfähig bleiben. Bei einigen Säugetierarten werden Mittel- und Schwanzstück des Spermatozoon nicht der Eizelle einverleibt, es ist daher fraglich, ob das Spermatozoon generell die Spindelzentrosphäre für die erste Furchungsteilung stellt.

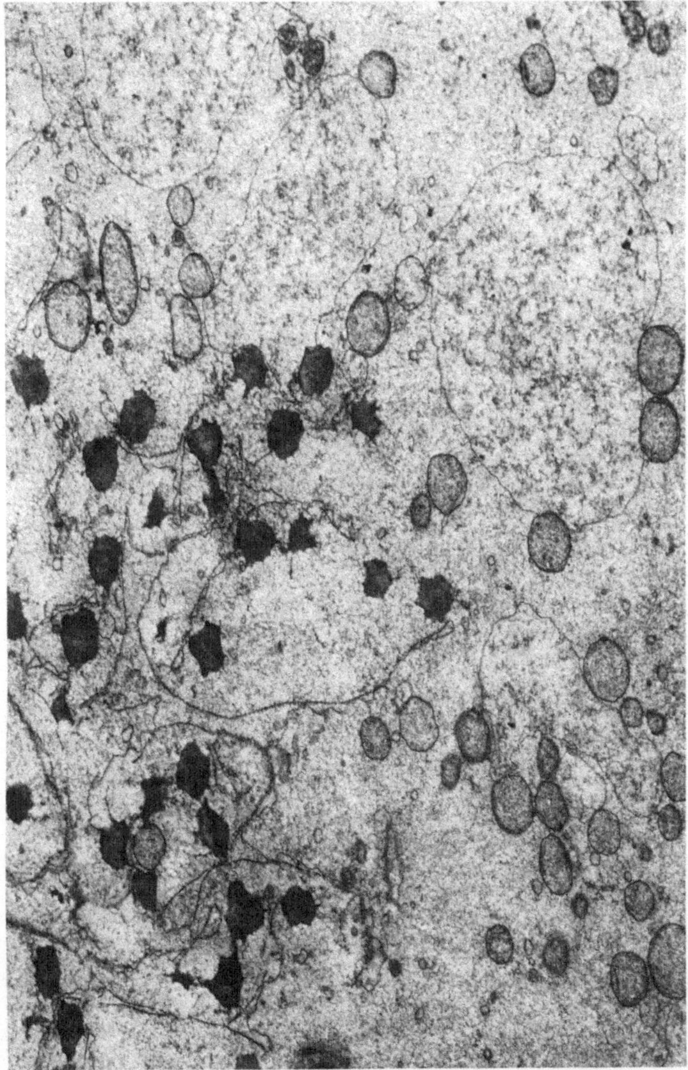

Abb. 45. Ausschnitt aus dem Cytoplasma eines befruchteten Kanincheneies im Stadium der Vorkerne. Die endoplasmatischen Vesikel sind maximal erweitert und enthalten segregiertes Material. Reichlich Lipoide in enger Nachbarschaft zu Ergastoplasmalamellen. Fix. OsO$_4$, Kontrastierung Uranylacetat und KMnO$_4$, Einbettung Vestopal W. Vergr. 15000fach

Die Penetration des Spermatozoon löst die zweite Reifeteilung der Eizelle aus. Ihr Ablauf ist von ZAMBONI und MASTROIANNI (1966a und b) am befruchteten Kaninchenei elektronenmikroskopisch verfolgt worden. Die in der Oocyte verbleibenden Chromosomen liegen in der Regel an einem Zellpol gegenüber der

Imprägnationsstelle. Sie sind von irregulärer Form; ihr dichtes Chromatin ist homogen verteilt. Die Reorganisation der Kernmembran erfolgt diskontinuierlich (Abb. 41—43). Spindelreste sind bis etwa 12—13 Std *post fertilisationem* im Cytoplasma nachzuweisen. Um diese Zeit rücken die Chromosomen enger zusammen. Die Doppelmembranen, welche bis dahin die Chromosomen diskontinuierlich umgeben, verschmelzen zur geschlossenen Kernmembran. Etwa 15 Std

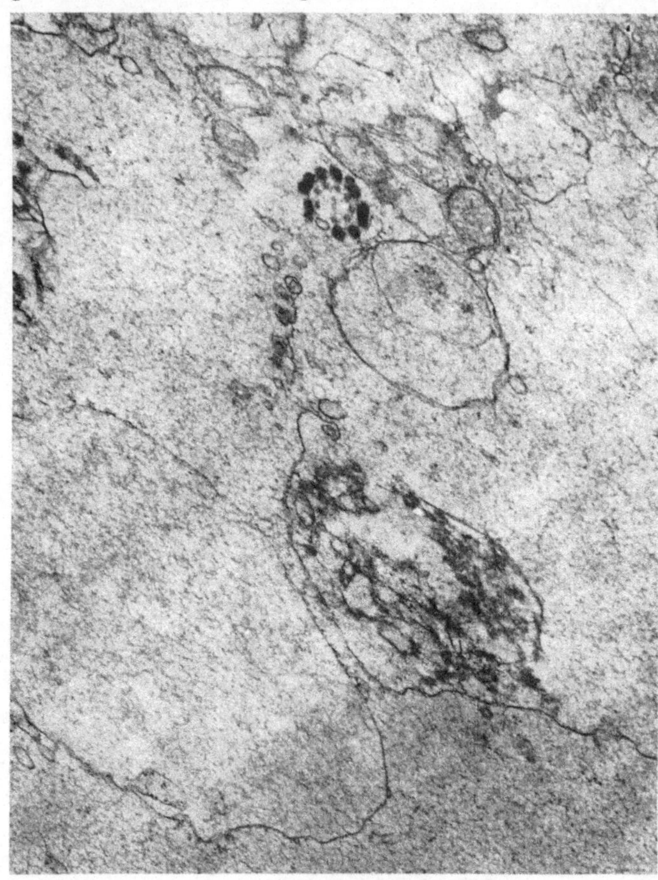

Abb. 46. Ausschnitt aus dem Cytoplasma eines befruchteten Kanincheneies im Stadium der Vorkerne. Die endoplasmatischen Vesikel sind stark aufgeweitet und bilden ein alveoläres Gerüst, die Membranen sind teilweise zerrissen. Oben im Bild der Schwanzteil des befruchtenden Spermatozoon. Fix. OsO$_4$, Kontrastierung Uranylacetat und KMnO$_4$, Einbettung Vestopal W. Vergr. 15000fach

post fertilisationem sind in der Eizelle zwei Vorkerne konstituiert. Sie haben einen Durchmesser von 35—50 μ. Männlicher und weiblicher Vorkern sind morphologisch identisch.

Im Cytoplasma der Eizelle werden mit der Bildung der Vorkerne tiefgreifende strukturelle Veränderungen ausgelöst, deren zellphysiologische Bedeutung noch weitgehend unbekannt sind. Alle Veränderungen weisen auf eine hohe Membranaktivität und celluläre Syntheseleistung hin. Der Organellenbestand wird vergrößert. Einen prominenten Bestandteil bilden große, mit granulärem Material angefüllte Bläschen, die sich teils von erweiterten Ergastoplasmalamellen ableiten, teils auch durch Vesiculation der äußeren Kernmembran entstehen (Abb. 44). Diese ergastoplasmatischen Vesikel liegen zunächst bevorzugt in der organellen-reichen Umgebung der Vorkerne und verteilen sich später unter zunehmen-

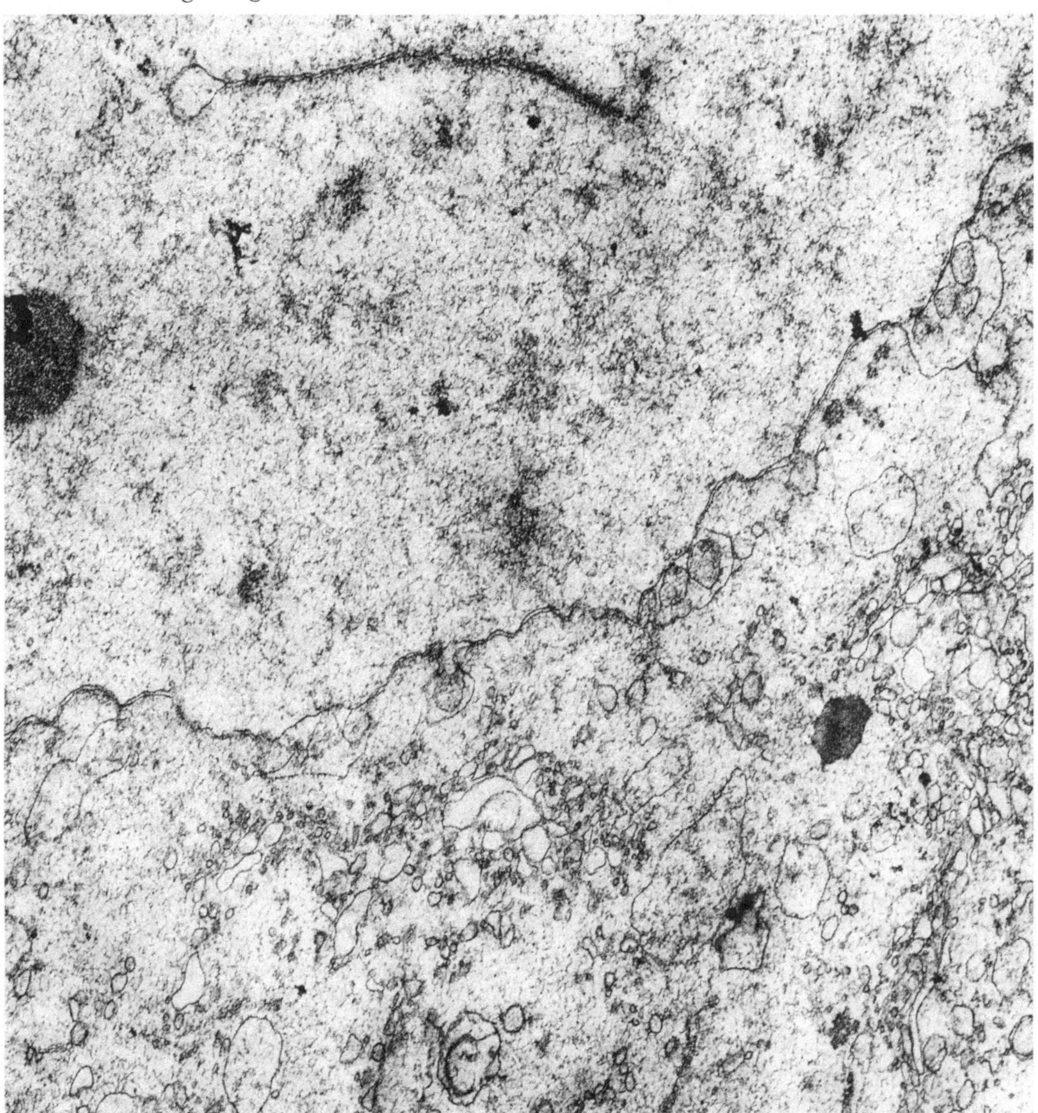

Abb. 47. Befruchtetes Kaninchenei im Stadium der Vorkerne. Der Kern enthält große Nucleolen und freie Doppel-membranen. Die Kernmembran ist gewellt, die äußere Lamelle abgehoben. Im intermembranösen Spalt liegen freie Bläschen, in der Umgebung des Kernes reichlich Golgistrukturen. Fix. OsO₄, Kontrastierung Uranylacetat und KMnO₄, Einbettung Vestopal W. Vergr. 24000fach

der Quellung auf das übrige Ooplasma. Durch die Hydratation wird der Inhalt der Bläschen aufgelockert und schließlich nach Aufreißen der Membranen in das Cytoplasma entleert (Abb. 45 und 46). Neben der Vermehrung und Ver-größerung der beschriebenen ergastoplasmatischen Vesikel werden anscheinend auch Mitochondrien in großer Zahl gebildet. Sie sind in der Umgebung von tubulo-vesiculären Komplexen (Abb. 44) angereichert und von erheblicher Größendifferenz. In den Maschen des Reticulums liegen diffus verteilt Lipoidkörper, gelegentlich bilden sie auch dichte Aggregate (Abb. 45). Typische Golgi-Strukturen fehlen im frisch befruchteten Ei. Nach Bildung der Vorkerne finden sich dagegen ausgedehnte Lamellen-VakuolenFelder, die in breiten Zügen die Kerne umgeben und stark zur Vesikulation neigen (Abb. 47). Auch ,,annulate lamellae'' sind jetzt

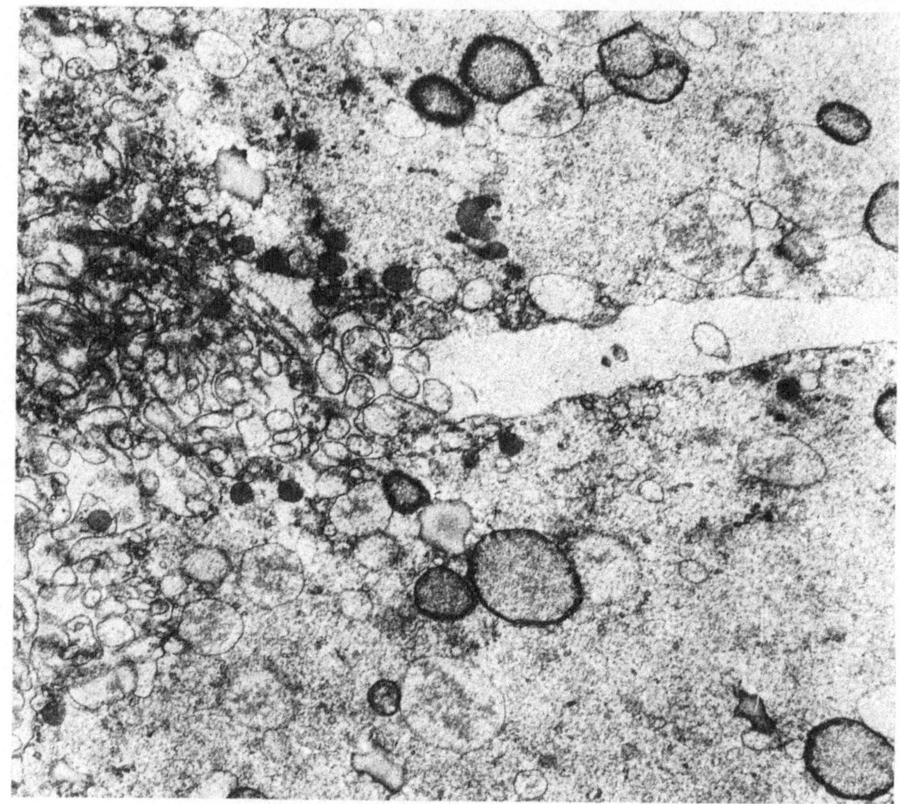

Abb. 48. Gefurchtes Kaninchenei 33 Std nach Begattung. Die Zellmembranen der Blastomeren sind stark ineinander verzahnt. Unter dem Plasmalemma und in den Cytoplasmafortsätzen zahlreiche Rindengranula. Fix. OsO₄, Kontrastierung PbO, Einbettung Vestopal W. Vergr. 34000fach

an verschiedenen Stellen, vorwiegend in Kernnähe zu finden (s. S. 48, Abb. 27) (Stegner, 1965; Zamboni und Mastroianni, 1966a und b).

Die corticalen Granula sind *post fertilisationem* vermindert. Im sich furchenden Ei sind sie erneut in größerer Zahl im Bereich der stark verzahnten Blastomerenwände vorhanden (Abb. 48). Ihr erneutes Auftreten im gefurchten Ei spricht gegen eine zeitlich begrenzte Funktion bei der ,,Zonareaktion''. Vermutlich haben sie spezielle Aufgaben bei der Vergrößerung der Zellmembran in der wachsenden und sich teilenden Eizelle (s. Adams und Hertig, 1964).

Frisch befruchtete *menschliche* Eizellen sind seltene Funde und bisher kaum untersucht worden (Tabelle).

Tabelle. *Deskription menschlicher tubarer Eier*
[nach einer Zusammenstellung von NOYES, R. W. u. a., Amer. J. Obstet. Gynec. **96** (1966)]

Autor	Cyclustag	geschätztes Alter der Oocyte	befruchtet
1 ALLEN u. a. (1930)	15	2 oder weniger Tage	Ø
2 ALLEN u. a.	15	1 Tag oder weniger	Ø
3 ALLEN u. a.	15	1 Tag oder weniger	Ø
4 ALLEN u. a.	16	2 Tage oder mehr	Ø
5 ALLEN u. a.	14	2 oder 3 Tage	Ø
6 LEWIS (1931)	22	einige Tage	Ø
7 PINCUS und SAUNDERS (1937)	19	2—4 Tage	Ø
8 PINCUS und SAUNDERS	20	1—2 Tage	Ø
9 HAMILTON (1944)	17	unter 12 Std	Ø
10 HAMILTON	16	1 Tag	Ø
11 ROCK und HERTIG (1944)	14	2—3 Tage	Ø
12 ROCK und HERTIG	13	3—4 Tage	Ø
13 GREULICH (1946)	?	nicht angegeben	Ø
14 HAMILTON (1949)	17	nicht angegeben	+
15 HAMILTON	18	nicht angegeben	Ø
16 SHETTLES (1953)	14	nicht angegeben	Ø
17 SHETTLES	14	nicht angegeben	Ø
18 SHETTLES	15	nicht angegeben	Ø
19 HERTIG u. a. (1959)	15	36—60 Std	+
20 KHVATOV (1959)	?	18—20 Std	+
21 KHVATOV (1960)	?	nicht angegeben	+
22 NOYES u. a. (1966)	16	3 Tage	Ø
23 NOYES u. a.	21	4 Tage	Ø
24 NOYES u. a.	15 IUD	3 Tage	Ø
25 NOYES u. a.	16 IUD	3 Tage	+
26 NOYES u. a.	15 IUD	1 Tag	Ø
27 NOYES u. a.	16 IUD	1 Tag	Ø
28 NOYES u. a.	19	6 Tage	Ø
29 NOYES u. a.	19 IUD	3 Tage	Ø
30 NOYES u. a.	17	4 Tage	Ø

KVATOV (1959) entdeckte ein Ei im Stadium der Vorkerne in Serienschnitten des Eileiters. DICKMANN, CLEWE, BONNEY und NOYES (1965) untersuchten phasenoptisch eine befruchtete Eizelle, die durch Tubenspülung gewonnen wurde. Eine sorgfältige elektronenmikroskopische Studie an einer befruchteten menschlichen Oocyte stammt von ZAMBONI u. a. (1966). Das Ei wurde in der Tube einer 33 Jahre alten Frau 26 Std *post cohabitationem* gefunden; es enthält die beiden Vorkerne sowie drei Polkörperchen. Organellenbestand und -verteilung sind in zahlreichen Details denen im frisch befruchteten Kaninchenei vergleichbar (ZAMBONI und MASTROIANNI, 1966; sowie eigene Befunde). In beiden Fällen sind die Mitochondrien in den perinucleären Bereichen konzentriert. Das endoplasmatische Reticulum besteht aus Vesikeln verschiedener Größe, die nur spärlich mit Ribosomen besetzt sind und granuläres Material enthalten. Die endoplasmatischen Bläschen und Golgi-Strukturen sind irregulär über das Ooplasma verteilt. Das Kernmaterial der etwa gleich großen Vorkerne ist locker strukturiert und jeweils von einer gut gerundeten Doppelmembran umgeben. Der intermembranöse Spalt enthält in zisternalen Aufweitungen kleine Bläschen oder Aggregate von körniger Substanz. Zwei der abgeschnürten Polkörperchen liegen unmittelbar benachbart im weiten perivitellinen Spalt. Sie entstammen offenbar der ersten Reifeteilung. Ihr Cytoplasma enthält sphärische leistenarme Mitochondrien, endoplasmatische Vesikel und corticale Granula. Das dritte Polkörperchen steht noch durch eine Cytoplasmabrücke mit der Eizelle in Verbindung.

Überblickt man die bisher bekannten submikroskopischen Einzelbefunde in diesem Entwicklungsstadium, so ist folgendes festzustellen: Nach Konstitution der Vorkerne beginnt eine Phase starker Membranaktivität mit Ausschleusung von Kernsubstanz in das Cytoplasma. Die perinucleären Bezirke sind aufgrund ihres Organellenreichtums als Epizentrum der Zellaktivitäten anzusehen. Die Ansammlung von Mitochondrien in der perinucleären Zone ist Ausdruck des hohen Energiebedarfs im Zuge der Vorkernverschmelzung und ersten Furchungsschritte. Für einen Abstrom von RNS aus dem Reaktionsraum des Kernes in das Cytoplasma finden sich verschiedene Indizien.

IX. Die Furchung
1. Die Determination des Furchungsplanes und die Verteilung der Organellen

Nach der Darstellung der meisten Lehrbücher der Embryologie verläuft die Furchung der Säugereizelle total und äqual. Die Blastomeren werden bei der Furchung vollständig getrennt; das Gesamtvolumen vergrößert sich nicht, solange die Zona pellucida die Keimblase umschließt. Unter Äqualität der Furchung versteht man die Entstehung gleich*förmiger* Hälften. Die Blastomeren der Säugereizelle können aber gleich oder unterschiedlich groß sein. Im letzteren Falle schneidet die Furche abseits der Hauptachse ein. Obwohl eine gewisse Tendenz zur Übereinstimmung von Furchungs- und Symmetrieebene besteht (A. Jones-Seaton, 1950), kann die erste Furche zum bilateral-symmetrischen Bauplan des Cytoplasmas jede beliebige Lage einnehmen. Sichere Rückschlüsse auf die prospektive Potenz sind aus der Blastomerengröße nicht möglich. Beim Rattenei (Defriese, 1953) und Kaninchenei (Seidel, 1960) teilt sich die kleinere Blastomere in der Regel langsamer als die größere. Auch die zweite Furche trennt im allgemeinen die Blastomeren inäqual. Im 4-Zellstadium des Kaninchens bilden die Tochterzellen fast immer eine Tetraederform. Diese Geometrie wird auch in den Fällen angestrebt, in denen die Spindelachsen nicht von vornherein in Kreuzform senkrecht zueinander orientiert sind, d. h. die von den Planebenen abgewichenen Blastomeren stellen die angestrebte Ordnung her, indem sie zu Tetraedern zusammenrücken (Seidel, 1960). Nur in den Fällen, in denen jede Blastomere gleich*wertig* ist, d. h. aus sich heraus die Entwicklung zum Ganzen regulieren kann, besteht korrekt genommen eine Äqualität der Teilung. Diese Pluripotenz der ersten Blastomeren ist von Seidel (1960) experimentell bewiesen. Nach seinen entwicklungsphysiologischen Untersuchungen können aus $^1/_2$ bzw. $^1/_4$ Blastomeren ganze Embryonen einschließlich der assoziierten extraembryonalen Anteile hervorgehen. Für diese Sonderfälle der Regulation zum Ganzen ist aber die Einbeziehung eines bestimmten Faktorenbereiches des Ooplasmas in die Tochterzelle notwendig ohne den die Bildung einer regelrechten Embryonalanlage nicht möglich ist. Durch die begrenzte Ausdehnung dieses Faktorenbereiches können bei der unterschiedlichen Lage der ersten Furchungsebene sowohl Blastomeren *ohne* wirksame Anteile als auch Blastomeren *mit* mehr oder weniger großen Teilen des Faktorenbereiches entstehen. Es resultieren Gebilde mit unterschiedlich entwickelten embryonalen und extraembryonalen Strukturen, aus deren Zahlenverhältnis Rückschlüsse auf die ursprüngliche Größe des Keimbildungszentrums möglich sind. Es erhebt sich die Frage, ob die binnenzellige Struktur der Säugereizelle definierte Bereiche erkennen läßt, die als morphologisches Substrat dieses Bildungszentrums in Betracht kommen. Lichtmikroskopische Untersuchungen zeigen, daß die Verteilung der Zellorganellen während der Reifung, Befruchtung und Blastogenese bestimmten Regeln folgt. DALCQ (1951, 1952 und 1954) findet im Rattenei granuläre Zonen, die sich mit Toluidin in vitro metachromatisch färben und reich an saurer Phosphatase sind (MULNARD und DALCQ, 1955). Sie liegen in der Nachbarschaft des Zellkernes und der zwischenzelligen Membranen gefurchter Eier. Nach Fixierung mit Carnoy und Färbung nach UNNA-BRACHET ist in den Eizellen verschiedener Nagetiere eine Anreicherung von RNS um den Kern herum und in einem polar ausgerichteten animal-vegetativen Gradienten zu beobachten (A. JONES-SEATON, 1950; BRACHET, 1960). Während der ersten Furchungsschritte nehmen sie an Größe zu; ihre Anordnung ist aber ohne regelhafte Beziehungen zum Verlauf der Teilungsebenen. Im 8-Zellstadium unterscheidet DALCQ große, zunehmend peripher verlagerte Blastomeren mit reichlich metachromatischen Granulationen und kleinere, zentral gelegene granulaarme Zellen. Zu diesem Zeitpunkt ist nach seinen Befunden eine Unterscheidung der trophoblastischen von den embryoblastischen Elementen möglich. Auch in den folgenden Teilungsstadien sind die trophoblastischen Zellen am Gehalt grobpartikulärer Metagranula zu erkennen. Mit den gleichen histochemischen Methoden, mit denen in der Oocyte in den ersten Furchungsstadien eine basophile Randzone außerhalb der animal-vegetativen Achse gefunden wurde, sind auch während der Blastocystenentwicklung vergleichbare Areale im Embryonalknoten darzustellen. Daraus darf nicht vorbehaltlos auf eine kontinuierliche Entwicklungsreihe embryogenetischer „Vormuster" geschlossen werden. Es ist jedoch naheliegend, in den organellenreichen Feldern Schwerpunkte des Zellstoffwechsels zu sehen, die in bestimmten Fällen mit morphogenetischen Organisations- und Bildungszentren identisch sind. Eine sichere Zuordnung der histochemisch charakterisierten Granulationen zu submikroskopisch definierten Organellen ist aber bisher ebensowenig möglich wie die Bestimmung ihrer funktionellen Aufgaben.

Über die Verteilung und das Verhalten der Organellen im Verlaufe der Blastogenese liegen nur vereinzelt elektronenmikroskopische Beobachtungen vor. MAZANEK (1964) findet elektronenmikroskopisch am Säugerei nach der ersten Furchungsteilung eine fibrilläre Umwandlung des Cytoplasmas, die durch lineare Aggregation von Ribosomen bedingt ist. Die fibrillären Strukturen verschwinden vom 8-Zellstadium an. Danach kommt es zur Gliederung des Cytoplasmas in zwei Zonen. Eine perinucleäre Zone setzt sich in einem breiten Band zur Zellperipherie fort und ist reich an Mitochondrien, multivesiculären Körpern und Ribosomen. Die außerhalb der perinucleären Zone gelegenen Plasmabezirke sind nahezu frei von Organellen. Eine entsprechende Anordnung der geformten Elemente finden ISQUIERDO und VIAL (1962) im 8-Zellstadium der Ratte. Die Organellen (vorwiegend Mitochondrien und multivesiculäre Körper) liegen in der unmittelbaren Umgebung des Kernes und in einer davon ausgehenden, zur Peripherie ziehenden Säule. Nach eigenen Untersuchungen an gefurchten Eiern des Kaninchens im 2-, 4-, 5- und 8-Zellstadium zeigen die Blastomeren eine mosaikartige lückenlose Verbindung. Nur die Oberflächen sind gewölbt und begrenzen die charakteristischen tief einschneidenden Furchen. Die Zellverbindungen sind sehr innig und durch intensive Verzahnung (interdigitation) gesichert. Dicht stehende Zellfortsätze der gegenüberliegenden Blastomeren greifen alternierend ineinander oder dringen mit knopfartig verdickten Enden in flache Mulden der Nachbarzellen. Besonders stark ist die Verzahnung an den sternförmigen Zwickeln, die von drei angrenzenden Blastomeren gebildet werden. Desmosomale Verbindungen fehlen. Die gewölbten Oberflächen der Zellen sind weitgehend nivelliert. Rindengranula von 0,08—0,3 μ Durchmesser liegen bevorzugt an den Stellen starker Verzahnung, z. T. in den Cytoplasmafortsätzen. Die Zellorganellen sind im 2-, 4-, 5- und 8-Zellstadium irregulär in den Blastomeren verteilt, manchmal stärker konzentriert, daneben finden sich ausgesparte organellenarme Bezirke. Eine genaue Beurteilung der Organellenverteilung ist an Hand der orientierenden Schnitte nicht möglich. Die Anfertigung von Serienschnitten zur Rekonstruktion der dritten Dimension ist bei der Kleinheit der Objekte und den unvermeidbaren Materialverlusten bei der Präparation sehr schwierig. Soweit den Bildern zu entnehmen ist, unterscheiden sich die Blastomeren in den untersuchten Stadien nicht im Sortiment der Organellen und ihrem Verteilungsmuster. Die Population setzt sich aus modifizierten Mitochondrien (rund-ovalen Körpern), endoplasmatischen Bläschen mit wolkigem Material, Lipoiden und Lamellen-Vacuolen-Feldern zusammen. Ein kontinuierliches System endoplasmatischer Kanäle besteht nicht.

Die Golgi-Felder finden sich fast immer in der Nähe des runden oder gelappten, zentralgelegenen Kernes (Abb. 49). Das Karyoplasma ist feinkörnig und locker. Es enthält granuläre Verdichtungsbezirke und einzelne gut begrenzte Nucleolen.

Verglichen mit den Befunden an frisch befruchteten Eizellen gibt die Feinstruktur des gefurchten Eies keine Hinweise auf eine nennenswerte Stoffsynthese in dieser Entwicklungsperiode. Die Blastomeren sind praktisch frei von Ergastoplasma. Lediglich die relativ großen Golgi-Felder könnten auf eine erhöhte Produktion endoplasmatischer Bläschen hinweisen, die als Bauelemente der Grenzmembranen bei den umfangreichen Formbewegungen dieser Periode gebraucht werden. Wie bei der Oogonienteilung erfolgt auch bei der Furchung eine intracytoplasmatische Vorbildung der Plasmalemmata in Form von Bläschen und Membraneinheiten, die in der Teilungsebene orientiert werden und durch Zusammenfluß die neuen Zellgrenzen bilden. Die Cytoplasmateilung erweist sich damit elektronenmikroskopisch als ein gerichteter morphogenetischer Prozeß, bei dem die Neubildung von Membranstrukturen offenbar eine größere Rolle spielt, als die Verformung präexistenter Strukturen.

2. Die Feinstruktur des mitotischen Apparates und seine Bedeutung bei der Furchung

Eine grundsätzliche Darstellung der mitotischen Zellteilung liegt außerhalb des Rahmens dieser Arbeit. Die Mechanismen sollen nur diskutiert werden, soweit sie für die Determination des Furchungsplanes Bedeutung haben. Die aktive Orientierung der Centrosphären ist entscheidend für den Verlauf der Teilungsebene (Kawamura, 1958). Die bereits einschneidende Furche bleibt unvollständig, wenn die binnenzellige Ordnung des Spindelapparates nachträglich experimentell verändert wird (Kawamura, 1960; Wolpert, 1963). Nach Wolpert (1963) be-

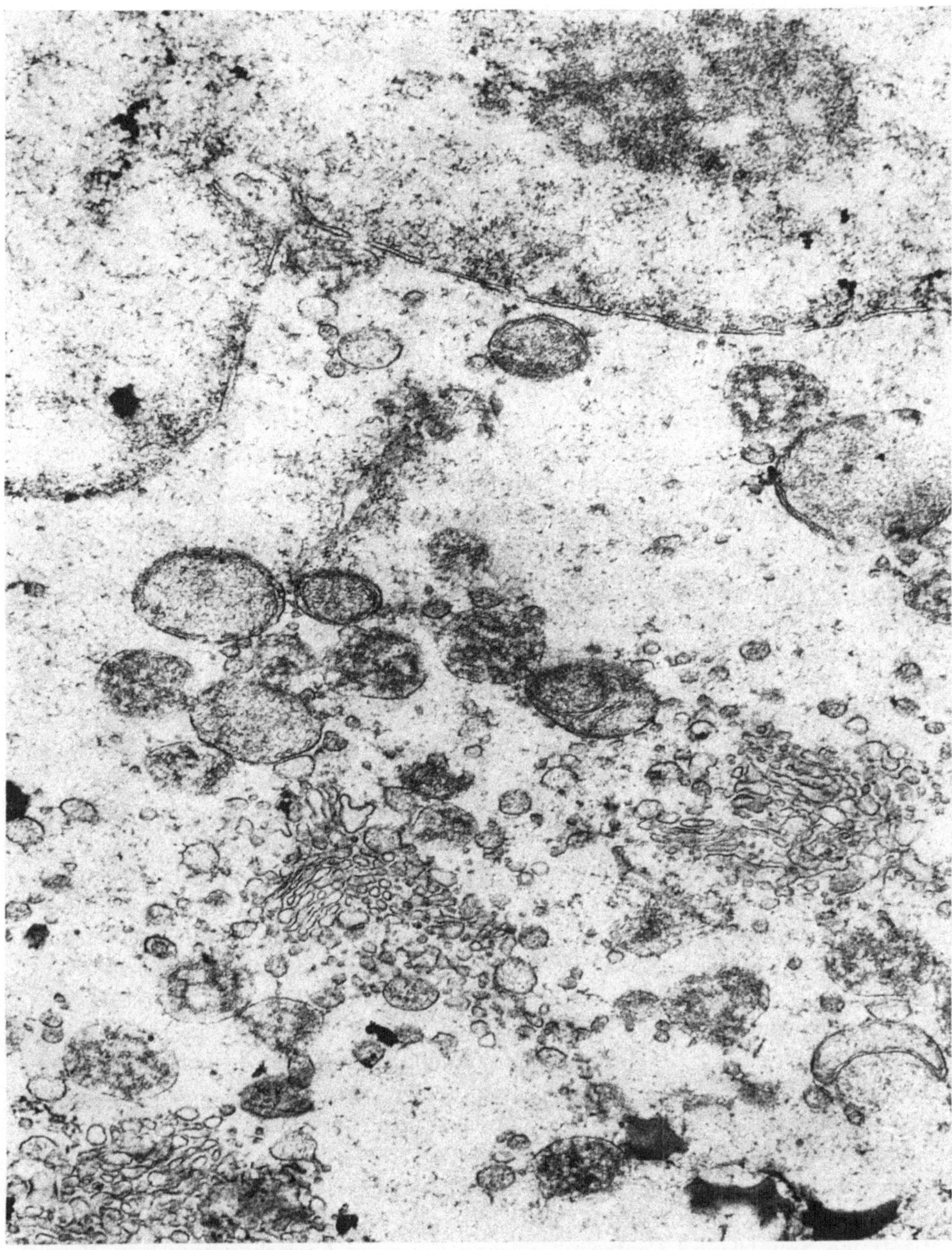

Abb. 49. Gefurchtes Kaninchenei 48 Std nach Begattung. Perinucleärer Bereich einer Blastomere. Im Bild oben der Kern mit reticulärem Nucleolus. Deutliche Kernporen in der Kerndoppelmembran. Im unteren Bildabschnitt große Golgi-Felder. Fix. OsO$_4$, Kontrastierung Uranylacetat und KMnO$_4$, Einbettung Vestopal W. Vergr. 27 000fach

wirken die Centrosphären eine Entspannung der anliegenden Zellmembran. Durch den lokalisierten „Spannungsverlust" der Pole wird die Membraneinschnürung am Äquator eingeleitet. Die Lage der Schnürfurche ist also indirekt durch die Position der Centrosphären bestimmt. Auf welche Weise die örtlich begrenzte Spannungsänderung ausgelöst werden soll, bleibt offen.

Die Zellmembran ist nach der Beobachtung von Odor und Renninger (1960) über der Centrosphäre vorgewölbt und weitgehend nivelliert; ein Befund, der auf den regionär unterschiedlichen Membranzustand zu Beginn der Zellteilung hinweisen könnte.

Der submikroskopische Bau des achromatischen Apparates (Spindel und Centrosphäre) ist von Beams, Evans, van Breemen und Baker (1950), Sedar und Wilson (1951), Rosza und Wyckoff (1950), Schultz-Larsen (1953), Porter (1954), de Harven und Bernhard (1956), Lehmann und Mancuso (1957, 1958), Lehmann (1959), Mercer und Wolpert (1958), Kurosumi (1958), Ruthmann (1958), Roth u. a. (1960), Yasuzumi (1961) genauer studiert worden.

Die Centrosphäre besteht in der Regel aus zwei zylindrischen rechtwinklig zueinander gelagerten Centriolen und dem Kranz der Asterstrahlen. Jedes Centriol wird von neun feinen Tubuli gebildet, deren lichte Weite etwa 200 Å beträgt (de Harven und Bernhard, 1956; Bessis u. a., 1958; Dalcq, 1964). Nicht in allen Centrosphären sind deutliche Centriolen erkennbar.

Es ist unentschieden, ob extranucleäre Mitosezentren in der Zelle existieren, die nicht durch Reduplikation der Centriolen entstanden sind. Multiple „Cytaster" in parthenogenetisch aktivierten, kernlosen Seeigeleiern ließen vermuten, daß auch andere Cytoplasmabezirke als „potentielle Pole" der Zellteilung wirken können. Nach den Untersuchungen von Dirksen (1961) sind aber die Cytaster im Feinbau mit typischen Centriolen identisch.

Centriolen und Basalkörper werden als homologe Zentren der Cytokinese angesehen. Auch die assoziierten Faserstrukturen sind vergleichbare Organellen. Die elektronenoptische Darstellung der Sphären und des Spindelapparates ist an geeignete Fixierungsmittel gebunden (Behnke, 1964). Nach Rosza und Wyckoff (1950) sind die Spindelfasern nur nach Behandlung mit säurehaltigen Fixantien elektronenmikroskopisch sichtbar. Die Autoren sind daher wie Selby (1953) der Ansicht, daß die Faserstrukturen keine spezifische gestaltliche Grundlage besitzen und lediglich durch die strahlige Ausrichtung des binnenzelligen Reticulums entstehen. Diese Vorstellung ist durch zahlreiche elektronenmikroskopische Untersuchungen korrigiert worden. Die Spindelfilamente sind zarte, etwa 200 Å weite Tubuli, die den axialen Strukturen der Cilien morphologisch gleichen (Porter, 1955; de Harven und Bernhard, 1956; Porter, Ledbetter und Badenhausen, 1964; Odor und Renninger, 1960). Nach Isquierdo und Vial (1962) haben die tubulären Spindelfasern der sich furchenden Rattenoocyte einen Durchmesser von 700 Å. Die Spindelfasern sollen beim Seeigel durch lineare Aufreihung kerneigener (achromatischer) Granula entstehen (Kurosumi, 1958).

Die reifen Filamente enthalten zahlreiche RNS-Partikel (Gross, 1959). Der erhöhte RNS-Gehalt ist bereits aus histochemischen Untersuchungen von Brachet (1942), Mazia und Dan (1952), Stich (1954) und Mazia (1955) bekannt. Mitotische Spindel und Centrosphäre sind daher zu Unrecht unter dem Begriff des *achromatischen Apparates* zusammengefaßt. Ihre Basophilie ist deutlich höher als die des umgebenden Cytoplasmas. Bei der Rückbildung der Spindel und der Centrosphäre in der frühen und späten Telophase zerfallen die schlauchförmigen Filamente erneut in isolierte Granula und Bläschen.

Am längsten bleiben die interzonalen Fasern erhalten; sie bilden zusammen mit elektronendichten Granula von 100—300 μ in der Äquatorialebene den sog. Mittelkörper (mid-body). Nach Odor und Renninger (1960) bestehen die Elemente des *mid-body* aus kleinen Tubuli von 360 Å lichter Weite, deren Membranen durch die Auflagerung granulären Materials verstärkt sind. Sie stellen sich dadurch besser dar als die übrigen Elemente der Spindel.

ZAMBONI und MASTROIANNI (1966) haben den formalen Ablauf der Reifeteilung am Kaninchenei elektronenmikroskopisch verfolgt. Nach ihren Beobachtungen an OsO_4- bzw. Glutaraldehyd-fixiertem Material bestehen die isolierten Chromosomen der Prophase aus unregelmäßig angeordneten, teils spiralisierten Schläuchen, deren Wandung eine faserige Substruktur aufweist. Die Filamente zeigen offenbar keine Richtungsorientierung. Feinfilamentäres Material umgibt die Chromosomen und geht stellenweise kontinuierlich in das chromosomale Faserwerk über. In der Prophase sind die Chromosomen gestreckt, ihre spiralige Verwindung ist weitgehend aufgehoben; in der Metaphase bestehen sie aus unregelmäßigen Aggregaten von chromatischer Substanz, die in der Äquatorialebene der Spindel angeordnet ist. Die Spindelfasern erweisen sich als feinkalibrige Tubuli, die unter Vermittlung von Kinetochoren an den Chromosomen ansetzen (Abb. 46).

Durch die mitotische Kernteilung wird bei der Furchung das genetische Material gleichmäßig auf die Tochterzellen verteilt. Die Mitose ist aber nicht die conditio sine qua non für die Furchung des Ooplasma. Parthenogenetisch aktivierte Eier und kernfreie Eifragmente können formal regelhafte Furchung des Cytoplasma zeigen (HARVEY, 1936, 1940, bei *Echinodermen*; GROSS, 1936, bei *Artemia*; FRANKENHAUSER, 1934; BRIGGS, GREEN und KING, 1951, bei *Amphibien*). Auch bei Säugeroocyten wird gelegentlich eine Fragmentation des Ooplasma ohne Kombination mit mitotischer Kernteilung beobachtet.

3. Die Zellmembran während der Furchung

Die bei der Teilung wirksamen cytokinetischen Kräfte sind noch weitgehend unbekannt. Morphologische Studien müssen sich auf die Beobachtung der Zellveränderung beschränken. Eine gesonderte Darstellung der Membrankonfiguration ist daher gerechtfertigt, gleichviel, ob man der Zellmembran eine aktive oder passive Rolle im Teilungsvorgang zuschreibt.

Örtliche Änderungen des physikalischen Zustandes der Zellmembran sind mit verschiedenen Methoden nachweisbar. Beim Seeigelei nimmt zu Beginn der Furchung die Doppelbrechung der Rindenzone in einer von den Polen zur Schnürfurche laufenden Welle ab (MITCHISON und SWANN, 1952). Auch die Elastizität der Zellmembran („stiffness") verringert sich zu dieser Zeit im Bereich der Zellpole und führt dort zu einer Verminderung der Festigkeit (CHAMBERS, 1938; SWANN und MITCHISON, 1958). Der Spannungsverlust wird nach WOLPERT (1963) durch die Nachbarschaft der Centrosphäre verursacht. Auch nach der Teilungstheorie von DAN (1948) ist der Spindelapparat für die Lage der Furche verantwortlich. Die am stärksten divergierenden Strahlen der beiden Sphären enden unter Kreuzung der Fasern am Zelläquator. Bei der Distraktion der Spindel wird der Zelleib durch Faserzug an dieser Stelle ringförmig eingeschnürt.

Sowohl bei der Astral-Relaxations-Theorie (WOLPERT) als auch der Spindel-Elongations-Theorie (DAN) sind die Bewegungen des *achromatischen Mitoseapparates* die Voraussetzung der Zelldurchschnürung. Auch andere Zellorgane sollen die Membranbewegungen beeinflussen können. SWANN und MITCHISON (1958) vermuten, daß die *Tochterchromosomen* molekulare Veränderungen der Zellmembran auslösen, die zu einer aktiven Ausdehnung der Membran an den Polen führt (expanding membrane theory). Nach MARSLAND und LANDAU (1954) leiten dagegen Veränderungen des Sol-Gel-Zustandes der cytoplasmatischen

Rindenzone die Zellteilung ein. Die sphärische Eizelle von *Arbacia lixula* wird zunächst durch die Kontraktion einer gürtelförmigen Gelierungszone in Richtung der Spindelachse gestreckt und später durch Zustrom kontraktiler Substanz aus dem corticalen Cytoplasma mehr und mehr eingeschnürt. Dieser Vorgang ist unabhängig von der Intaktheit des achromatischen Apparates. Unterschiede im cytoplasmatischen Kolloidzustand sind elektronenmikroskopisch am fixierten und entwässerten Material nicht sicher zu erfassen. Mercer und Wolpert (1958) beschreiben im gefurchten Seeigelei eine submikroskopische Verdichtungszone unterhalb des Plasmalemm, die anscheinend aus sehr feinen tubulären Elementen besteht und sich weitgehend mit der kontraktilen Gelierungszone von Marsland und Landau deckt. Ähnliche kontraktile (?) Cytoplasmabezirke, die sich in korrespondierenden Abschnitten über mehrere Zellen fortsetzen, werden auch für andere Gestaltungsbewegungen junger Keime verantwortlich gemacht (Balinsky, 1960: Neurulation; Baker, 1965: Gastrulation). Es bleibt abzuwarten, ob zelltopochemische Untersuchungen an vitalen Eiern durch den direkten Nachweis energieliefernder Enzymsysteme (ATP-System) eine bessere Kenntnis über die Funktion dieser Zonen bringen können. Hiramoto (1958) hat durch Markierung der Eioberfläche mit Kohlenpartikeln die Membranbewegungen während der Furchung verfolgt. Vergrößerung des Partikelabstandes zeigt eine Membrandehnung im Bereich der Pole an. Die am Äquator gelegenen Körnchen strömen in die Schnürfurche. Beiderseits der Furche finden sich ringförmige stationäre Zonen. Das Zell*volumen* bleibt während der Teilung konstant.

Bei gleichbleibendem Volumen der Tochterzellen muß sich aber die Gesamtoberfläche nach den Gesetzen der Geometrie bei der Teilung um 25,9% vergrößern. Es erhebt sich die Frage, ob morphologische Befunde ein echtes Wachstum der Zellmembran durch den Einbau zelleigenen Materials belegen können. In der Amphibienoocyte ist ein lokalisiertes Wachstum der Zellmembran bei der Blastomerenbildung durch die Untersuchungen von Schechtmann (1937), Selman und Waddington (1955) erwiesen. Da der Furchungstyp vom Dottergehalt des Eies bestimmt wird, sind die Mechanismen der Cytoplasmateilung bei den einzelnen Species nicht ohne weiteres vergleichbar. Für die oligolecithalen Eier der Säugetiere haben sich aus lichtmikroskopischen Untersuchungen bisher keine Hinweise auf die Neubildung der Zellmembran aus zelleigenem Material ergeben. Trotzdem ist ein entsprechender Modus wiederholt diskutiert worden. Mazia (1961) schreibt in seinem Beitrag über die Furchung in Brachets Monographie „The Cell": It is a speculation, but not an absurd one, that even in animal cell division there is a contribution of new membrane from inside the cell, that furrowing is not entirely a matter of stretching or of expanding the original membrane.

Eine substantielle Beteiligung der sog. Rindengranula an der Membranvergrößerung ist möglich; ihre bevorzugte Lage im Bereich starker Membranfaltung und Verzahnung könnte dafür sprechen. Die bei den Membranbewegungen aktiven Kräfte sind unbekannt und ohne morphologisches Substrat. Spezielle Differenzierungen der Rindenzone des Cytoplasma (surface coat: Holtfreter, 1943) sind nicht nachweisbar.

In den Primitivstrukturen der Keimscheibe finden sich allerdings Veränderungen, die auf „kontraktile" Cytoplasmazonen hinweisen könnten. Die nach oben verjüngten Zellen der Neuralrinne enthalten im apikalen Bereich feinfibrilläres

Material, das eine funktionelle Bedeutung für die Gestaltungsbewegungen haben könnte (STEGNER, 1965). Auf ähnliche Befunde von BALINSKY (1960) bei *Urodelen* wurde bereits hingewiesen.

X. Der Feinbau der Blastocyste

Die Entstehung der Blastocyste wird durch Lückenbildung im Verband der Morulazellen eingeleitet. Die Lücken fließen zu einer einheitlichen Keimblasenhöhle zusammen. Der äußere Umfang der Zona pellucida bleibt zunächst konstant. Die bei der Orientierung der Zellen wirksamen Kräfte sind unbekannt. Anscheinend ist die Teilungsrate der präsumptiven Embryonalzellen niedriger als die der peripher verlagerten, kleineren und sich abflachenden Trophoblastzellen. Lichtmikroskopisch finden sich bereits im Morulastadium Unterschiede in der Cytoplasmakonstitution außen- und innenliegender Zellen. Die inneren sollen nach VAN BENEDEN (1880) dichter granuliert und stärker osmiophil sein. Ähnliche Unterschiede in der Affinität zu bestimmten Farbstoffen beobachtet auch GREGORY (1930). DALCQ (1963) findet relativ große metachromatische Granula vorwiegend in den künftigen Trophoblastzellen. SCHLAFFKE und ENDERS (1965) haben eine vergleichende elektronenmikroskopische Studie an Blastocysten verschiedener Säugerspecies durchgeführt. Eine abgeschlossene Darstellung der Keimblasenstruktur ist anhand dieser Studie noch nicht möglich; immerhin geben sich eine Reihe struktureller Gemeinsamkeiten und speciesspezifischer Besonderheiten zu erkennen. Im Gegensatz zu lichtmikroskopischen Befunden konnten die elektronenmikroskopischen Untersuchungen an Säugerkeimblasen keine Differenzen im Organellenbestand und Verteilungsmuster der embryoblastischen und trophoblastischen Elemente auffinden.

Die färberischen Unterschiede der beiden Zellarten sind jedoch auch lichtoptisch nicht in allen Phasen der Keimblasenbildung deutlich; sie sollen nach SEIDEL (1960) mit fortschreitendem Alter der Blastocyste geringer werden.

Nach SCHLAFFKE und ENDERS (1963) sind die kubischen Trophoblastzellen der Rattenblastocyste auf Grund ihrer submikroskopischen Binnenstruktur in eine apikale, mittlere und basale Region gegliedert. Die seitlichen Zellgrenzen verlaufen parallel und enthalten apikal kleine Desmosome. Auffallend sind große organellenarme Areale mit körnigem Cytoplasma von geringer Elektronendichte. Die Bezirke entsprechen, trotz submikroskopischer Ähnlichkeit, nicht cellulären Glykogenlagern. Die Mitochondrien der Rattenblastocyste sind vom lamellären Typ und vorwiegend in Kernnähe und in der Peripherie gelagert. Golgi-Felder sind in geringer Menge vorhanden. Ein zusammenhängendes cytoplasmatisches Kanälchensystem ist nicht vorhanden. Elemente des endoplasmatischen Reticulum nehmen die apikalen und basalen Zellbezirke ein. Neben spärlichen Lipoidtropfen enthalten die Zellen relativ große, membranumhüllte Einschlüsse mit variabler Innenstruktur. Die Zellen des Embryonalknotens unterscheiden sich lediglich durch ihre Gestalt und die intercellulären Beziehungen von den Trophoblastzellen. Sie sind durch weite zwischenzellige Räume getrennt, d. h. lockerer als die Trophoblastzellen miteinander verbunden. Ihre Innenstruktur und ihr Organellensortiment gleichen denen der trophoblastischen Zellen. Zahlreiche Mikrovilli an der Zelloberfläche und die bevorzugt apikale Anordnung der Mitochondrien sprechen für eine resorptive Stoffaufnahme aus der Blastocystenflüssigkeit.

Der Feinbau der Kaninchenblastocyste unterscheidet sich nach eigenen Untersuchungen in einigen Details von dem der Rattenblastocyste. Die Trophoblastzellen der jungen Kaninchenblastocyste sind von gedrungener, zylindrischer Form
und epithelial ausgerichtet (Abb. 50). Die basale Zellgrenze ist durch feine cytoplasmatische Fortsätze gegliedert (Abb. 51). Bei 3—4 Tage alten Blastocysten ist
die Zona pellucida noch kontinuierlich erhalten. In der amorphen Zonagrundsubstanz sind zahlreiche Spermatozoen nachweisbar. Die zentral gelegenen Kerne

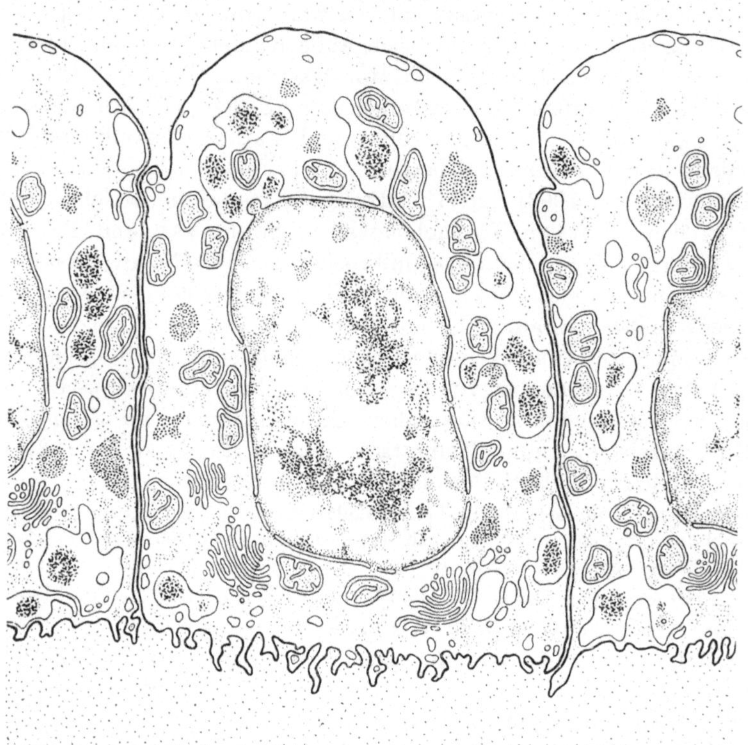

Abb. 50. Halbschematische Darstellung der Trophoblastzellen einer 3 Tage alten Kaninchenblastocyste. Basale
Verankerung durch Cytoplasmafortsätze. Abhebung der äußeren Kernmembran mit kondensierter Substanz in den
cisternalen Räumen. Golgi-Felder in den basalen Zellabschnitten

der Trophoblastzellen besitzen ein lockeres, stark segregiertes Karyoplasma mit
großen heteromorphen Nucleolen. Die Kernkörperchen sind aus körnigem Material von verschiedener Dichte zusammengesetzt. Granuläres Material von mittlerer
Dichte liegt der Kerninnenmembran an oder dringt durch die spärlichen Kernporen in den extranucleären Raum.

Die äußere Kernmembran ist an verschiedenen Stellen unter Bildung weiter
Cisternen abgehoben (Abb. 52). Stellenweise kommunizieren die Cisternen zu
einem bis zur Oberflächenmembran reichenden binnenzelligen Kanalsystem. Die
Cisternen enthalten körniges, zu kugeligen Körpern kondensiertes Material. Die
Einschlüsse sind nicht von einer Hüllmembran umgeben.

Der Modus der Substanzabgabe in den perinucleären Raum ist nicht sicher zu rekonstruieren, da unter der blasig abgehobenen äußeren Kernmembran die innere Lamelle in der Regel intakt ist.

Vielleicht kommt es zu flüchtigen Öffnungen der inneren Membran. Eine Vesiculation der inneren Lamelle müßte zur Bildung membrangebundener Einschlüsse führen. Das intracisternale Material ist aber lediglich kondensiert und nicht von einer Membran umhüllt. Über die verschiedenen Möglichkeiten der Ausstoßung von Kernsubstanz gibt DAVID (1962) eine

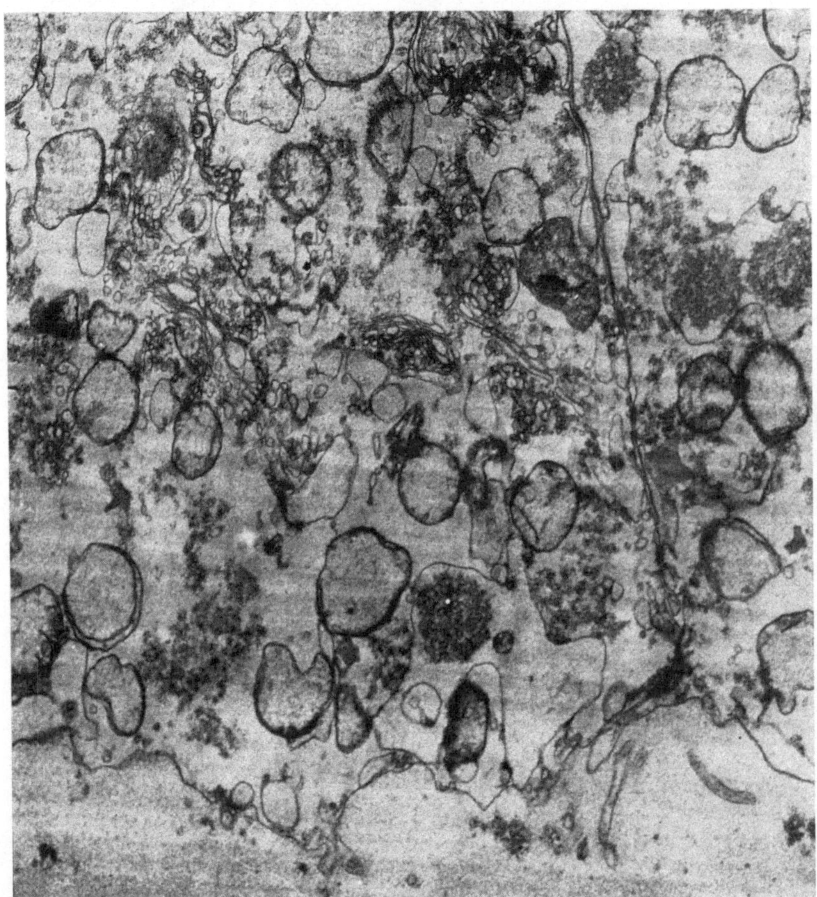

Abb. 51. Basale Abschnitte von Trophoblastzellen einer 3 Tage alten Kaninchenblastocyste. Die basalen Grenzen sind durch Zellausläufer in der Zona verankert. Fix. OsO$_4$, Kontrastierung Uranylacetat und KMnO$_4$, Einbettung Vestopal W. Vergr. 13500fach

Übersicht. Die von HADEK und SWIFT (1962) beobachteten intracisternalen Einschlüsse der Kaninchenblastocyste sind von einer Membran umgeben und gelangen offenbar durch Vesiculation des inneren Blattes in den perinucleären Spalt.

HORSTMANN (1965) hat die Ausschleusung von Kerneinschlüssen im Nebenhodenepithel des Hundes untersucht. Die Kerneinschlüsse (Inklusionen), die von einer einfachen Membran umhüllt sind, werden in den Kernplasmaspalt abgegeben. Dabei muß es, nach der Vorstellung von HORSTMANN, zu einer Verschmelzung der Inklusionsmembran mit dem inneren Blatt der Kernmembran kommen. Der Vorgang unterscheidet sich in wesentlichen Punkten von der Abgabe kerneigener Substanz durch Lamellenabhebung oder durch Vesiculation der äußeren Kernmembran. Auch aus unseren Befunden in den Zellen der Blastocyste wird erneut deutlich, daß beide Lamellen der Kernmembran unabhängig voneinander reagieren können. Die äußere ist schon aufgrund ihrer Lage viel mehr den funktionsbedingten Formveränderungen des binnenzelligen Gerüstes unterworfen, wahrscheinlich sogar der Hauptlieferant endoplasmatischer Lamellen. Die eigentliche Begrenzung des nucleären Reaktionsraumes obliegt dagegen der inneren Kernmembran.

Zu den speziellen Einschlüssen der trophoblastischen und embryoblastischen Zellen gehören Kristalloide, Glykogen-Lipoid-Komplexe und quergestreifte

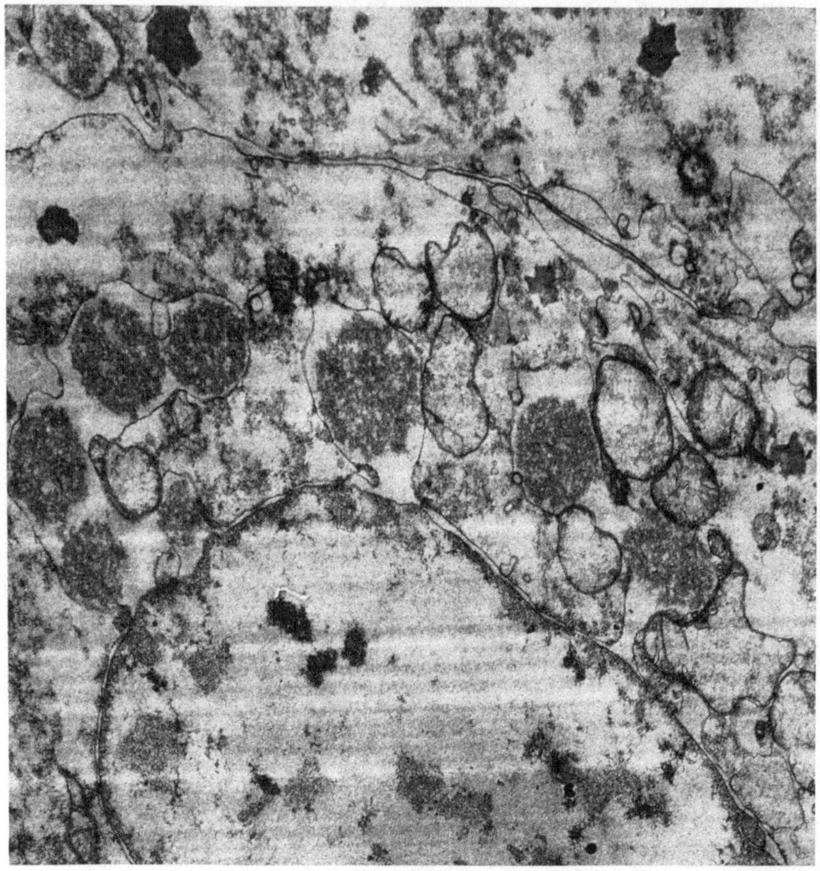

Abb. 52. Trophoblastzelle einer Kaninchenblastocyste. Abhebung der äußeren Kernmembran. In den Cisternen, die ein kontinuierliches Kanalsystem bilden, verdichtete granuläre Substanz, vermutlich nucleären Ursprungs. Fix. OsO₄, Kontrastierung Uranylacetat und KMnO₄, Einbettung Vestopal W. Vergr. 13 500fach

Fibrillen. Hadek und Swift (1960) finden in Blastocystenzellen des Kaninchens elektronenmikroskopisch 0,5—10,0 µ große Einschlüsse mit kristalloider Innenstruktur. Die Inklusionen sind perjodatreaktiv aber anscheinend frei von RNS. Sie gleichen im Aufbau den kristalloiden Dotterpartikeln der Amphibieneizelle. Es dürfte sich jedoch nicht um analoge, sondern lediglich um strukturell ähnliche Gebilde handeln. Umschriebene Glykogen-Lipoid-Komplexe der Rattenmorula und Blastocyste könnten nach Schlaffke und Enders dotterähnliche Zellreserven darstellen. Zu den fibrillären Strukturen zählen neben den geläufigen Tonofilamenten der Haftplatten periodisch gegliederte Fibrillenbündel aus ca.

100 mμ langen und 14 mμ dicken Einzelfasern. Sie finden sich vorwiegend im zentralen Zellbereich und sind nur in glutaraldehyd-fixiertem Material haltbar. Ihre zellphysiologische Deutung steht noch aus.

Soweit aus den morphologischen Untersuchungen zu folgern ist, gleichen die Ernährungsbedingungen der jungen Blastocyste noch denen der vorausgegangenen Furchungsstadien. Die Zona pellucida ist überall intakt. Diskontinuitäten sind nicht zu erkennen. Es besteht noch keine feste Verbindung zur Uterusschleimhaut.

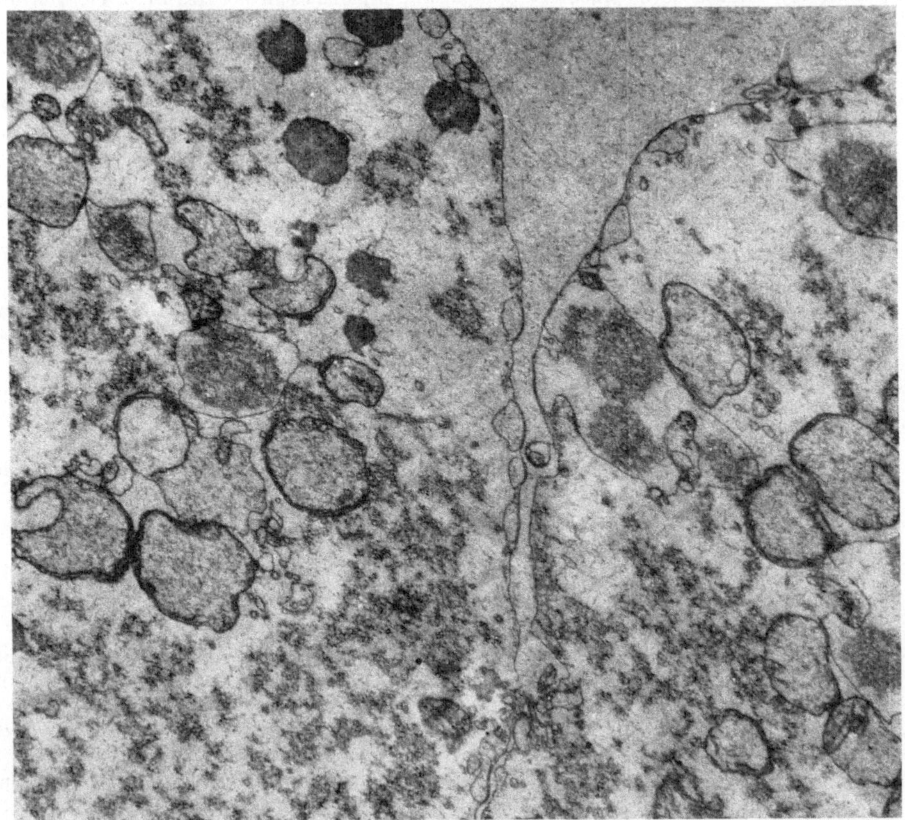

Abb. 53. Apikale Anteile von Trophoblastzellen der Kaninchenblastocyste. Die Zelloberflächen sind gewölbt und relativ glatt. Fix. OsO₄, Kontrastierung Uranylacetat und KMnO₄, Einbettung Vestopal W. Vergr. 13 500fach

Bei 3 Tage alten Blastocysten unseres Materials sind keine morphologischen Hinweise auf eine nennenswerte Stoffaufnahme aus der Blastocystenflüssigkeit vorhanden. Die apikalen Zellgrenzen sind glatt gewölbt und frei von Mikrovilli (Abb. 53). Pinocytosebläschen sind praktisch nicht nachweisbar. SCHLAFFKE und ENDERS (1965) finden bei den meisten der von ihnen untersuchten Säugerblastocysten eine reiche Oberflächengliederung durch Mikrovilli, verschiedentlich auch tiefe Invaginationen, die durch Abschnürung zur Bildung großer endoplasmatischer Vacuolen führen. Eine funktionelle Beteiligung dieser als ,,caveolae'' bezeichneten binnenzelligen Vesikel an der Zellresorption ist nicht bewiesen. Die zahlreichen feinen Zellausläufer der basalen Zellgrenzen, die sich in die amorphe

Gundsubstanz der Zona pellucida erstrecken, können als Zeichen einer *basalen* Stoffaufnahme gedeutet werden, möglicherweise dienen sie aber nur einer stärkeren Verankerung der epithelial angeordneten Zellen. Eine elektronenmikroskopische Basalmembran ist nicht angelegt.

Literatur

Adams, E. C., and A. T. Hertig: Studies on guinea pig oocytes. I. Electron microscopic observations on the development of cytoplasmic organelles in oocytes of primordial and primary follicles. J. Cell Biol. 21, 397—427 (1964).

Afzelius, B. A.: The ultrastructure of the nuclear membrane of the sea urchin oocyte as studied with electron microscope. Exp. Cell Res. 8, 147—158 (1955a).

— The fine structure of the sea urchin spermatozoa as revealed by the electron microscope. Z. Zellforsch. 42, 134—148 (1955b).

— The ultrastructure of the cortical granules and their products in the sea urchin egg as studied with the electron microscope. Exp. Cell Res. 10, 257—285 (1956a).

— Electron microscopy of Golgi elements in sea urchin eggs. Exp. Cell Res. 11, 67—85 (1956b).

Allen, R. D.: Fertilization and activation of sea urchin eggs in glass capillaries. Exp. Cell Res. 6, 403—424 (1954).

— J. P. Pratt, Q. V. Newell, and L. J. Bland: Human ova from large follicles, including a search for maturation divisions and observations on atresia. Amer. J. Anat. 46, 1—43 (1930).

Altmann, H. W., E. Stöcker u. W. Thoenes: Über Chromatin und DNS-Synthese im Nucleolus. Elektronenmikroskopische, autoradiographische und lichtmikroskopische Untersuchungen an Leberzellen von Ratten. Z. Zellforsch. 59, 116—133 (1963).

Anberg, A.: The ultrastructure of the human spermatozoon. Acta obstet. gynec. scand. 36, Suppl. 2 (1957).

Anderson, E., and H. W. Beams: Observations on the ultramicroscopic anatomy of the mammalian ovum. Anat. Rec. 134, 525—526 (1959).

— — Cytological observations on the fine structure of the guinea pig ovary with special reference to the oogonium, primary oocyte and associated follicle cells. J. Ultrastruct. Res. 3, 432—446 (1960).

Andre, J., et C. Roullier: L'ultrastructure de la membrane nuclèaire des ovocytes de l'Araignéc (Tegenaria domestica Clerk). In: Proc. Stockholm Conference 1956. New York: Academic Press 1957.

Anteunis, A., N. Fautrez-Firlefyn, J. Fautrez et A. Lagasse: L'ultrastructure du noyau vitellin de l'oeuf d'Artemia salina. Exp. Cell Res. 35, 239—247 (1964).

Arndt, E. A.: Histologische und histochemische Untersuchungen über die Oogenese und bipolare Differenzierung von Süßwasser-Teleosteern. Protoplasma (Wien) 47, 1—36 (1956).

— Untersuchungen über die Eihüllen von Cypriniden. Z. Zellforsch. 52, 315—327 (1960).

Asami, G.: Observations on the follicular atresia in rabbit ovary. Anat. Rec. 18, 323—344 (1920).

Austin, C. R.: Observations on the penetration of sperm into the mammalian egg. Aust. J. Sci. B 4, 581—596 (1951).

— The development of pronuclei in the rat egg, with particular reference to quantitative relations. Aust. J. Sci. Res. B 5, 354—365 (1952).

— Cortical granules in hamster eggs. Exp. Cell Res. 10, 533—540 (1956).

— The mammalian egg. Oxford: Blackwell Scientific Publications 1961a.

— Fertilization of mammalian eggs in vitro. Internat. Rev. Cytol. 12, 337—359 (1961b).

— Fertilization and transport of the ovum. In: Mechanisms concerned with conception, ed. C. G. Hartman. New York: Pergamon Press 1963.

— Ultrastructural changes in the egg during fertilization and the initiation of cleavage. In: Preimplantation stages of pregnancy, ed. G. E. W. Wolstenholme and M. O'Connor. London: J. & A. Churchill 1965.

Austin, C. R., and M. W. Bishop: Role of the rodent acrosome and perforatorium in fertilization. Proc. roy. Soc. (Lond.) 148, 241 (1958).

— — Differential fluorescence in living rat eggs treated with acridine orange. Exp. Cell Res. 17, 35—43 (1959).

—, and A. W. Braden: Passage of sperm and penetration of egg in mammals. Nature (Lond.) 170, 919—921 (1952).

— — The distribution of nucleic acids in rat eggs in fertilization and early segmentation. I. Studies on living eggs by ultraviolet microscopy. Aust. J. Biol. Sci. 6, 324—333 (1953).

— — Time relations and their significance in the ovulation and penetration of eggs in rats and rabbits. Aust. J. Biol. Sci. 7, 179—194 (1954).

— — Observations on nuclear size and form in living rat and mouse eggs. Exp. Cell Res. 8, 163—172 (1955).

Baker, P. C.: Fine structure and morphologenic movements in the gastrula of the treefrog, Hyla Regilla. J. Cell Biol. 24, 95—116 (1965).

Balinsky, B. I.: Ultrastructural mechanisms of gastrulation and neurulation. Symp. on germ cells and development, Pallanza 1960. Milano: Fondazione A. Baselli 1961.

—, and R. J. Davis: Origin and differentiation of cytoplasmic structures in the oocytes of Xenopus laevis. Acta Embryol. Morph. exp. (Palermo) 6, 55—108 (1963).

Barer, R., S. Joseph, and G. A. Meek: Membrane interrelationship during meiosis. IV. Internat. Kongr. f. Elektronenmikroskopie, Berlin, Bd. II, S. 233—236. Berlin-Göttingen-Heidelberg: Springer 1960.

— — — The origin and fate of the nuclear membrane in meiosis. Proc. roy. Soc. B 152, 353—366 (1960).

Barnes, B. G., and J. M. Davis: The structure of the nuclear pores in mammalian tissue. J. Ultrastruct. Res. 3, 131—146 (1959).

Beams, H. W., T. G. Evans, W. W. Baker, and V. van Breemen: Electron micrographs of the amphiaster in the whitefish blastula (Coregonus cluperformis). Anat. Rec. 107, 329—346 (1950).

—, and R. G. Kessel: Electron microscope studies on developing crayfish oocytes with special reference to the origin of yolk. J. Cell Biol. 18, 621—649 (1963).

Bearcroft, W. G. C.: The liver in infective hepatitis. Nature (Lond.) 190, 549—550 (1961).

Bedford, J. M., and M. C. Chang: Fertilization of rabbit ova in vitro. Nature (Lond.) 193, 898 (1962).

Behnke, O.: Microtubules in vertebrate cells. Electron microscopy Proc. III. Ed. Europ. Regional Conf., Prag, 1964, p. 117.

Beltermann, R.: Elektronenmikroskopische Befunde bei beginnender Follikelatresie im Ovar der Maus. Arch. Gynäk. 200, 601—609 (1965).

—, u. H.-E. Stegner: Elektronenmikroskopische Untersuchungen an den Ovarien neugeborener Mäuse nach Behandlung mit humanem hypophysärem Gonadotropin (HHG). Acta endocr. (Kbh.) (im Druck).

— — Die Feinstruktur der Mäuseoocyte in verschiedenen Stadien der Oogenese. In Vorbereitung.

— —, and M. Breckwoldt: Electron microscopic observations in mice ovaries after administration of human hypophyseal Gonadotropin (HHG). Acta endocr. (Kbh.), Suppl. 100, 75 (1965).

Beneden, E. van: Recherches sur l'embryologie des mammifères. I. La formation des feuillets chez le Lapin. Arch. Biol. (Liège) 1, 1—88 (1880a).

— Contribution à la connaissance de l'ovaire des mammifères. Arch. Biol. (Liège) 1, 475—544 (1880b).

— Recherches sur l'embryologie des mammifères. II. De la ligne primitive du prolongement cèphalique, de la notochorde et du mésoblaste chez le Lapin et chez le Murin. Arch. Biol. (Liège) 27, 191—401 (1912).

Berg,W.E.: Lytic effects of sperma extract on the eggs of Mytilus edulis. Biol. Bull. 98,128(1950).

Bettendorf, G.: Die Ovulation, Physiologie und medikamentöse Auslösung. Arch. Gynäk. 202, 132—159 (1965).

—, u. M. Breckwoldt: Klinisch-experimentelle Untersuchungen mit hypophysärem Human-Gonadotropin. Arch. Gynäk. 199, 423—458 (1964).

Bier, K.: Autoradiographische Untersuchungen zur Dotterbildung. Naturwissenschaften **49**, 332—333 (1962).
— Autoradiographische Untersuchungen über die Leistungen des Follikelepithels und der Nährzellen bei der Dotterbildung und Eiweißsynthese im Fliegenovar. Wilhelm Roux' Arch. Entwickl.-Mech. Org. **154**, 552—575 (1963).
Bischoff, T. L. W.: Entwicklungsgeschichte des Kanincheneies. Braunschweig: F. Vieweg & Sohn 1842.
Björkman, N.: A study of the ultrastructure of the granulosa cells of the rat ovary. Acta anat. (Basel) **51**, 125—147 (1962).
Blanchette, E. J.: A study of the fine structure of the rabbit primary oocyte. J. Ultrastruct. Res. **5**, 349—363 (1961).
Bolognari, A.: Ultrastructure of nucleoli in oocytes of Patella coerulea. Nature (Lond.) **183**, 1136—1137 (1959).
— Golgi bodies and Golgi zones in molluscan oocytes. Nature (Lond.) **186**, 565—566 (1960).
— Vedute attuali sul nucleolo e sull'ergastoplasma degli ovociti e delle cellule tumorali. Atti Soc. Peloritana **7**, 1—104 (1961).
— Vedute attuali sul nucleolo e sull'ergastoplasma degli ovociti e delle cellule tumorali. Atti Soc. Pelaritanen **7**, 1—104 (1961).
Bourne, G. H.: Division of labor in cells. New York and London: Academis Press 1962.
Bowen, R. H.: On the acrosome of the animal sperm. Anat. Rec. **28**, 1—13 (1924).
Brachet, J.: La localisation des acides pentose-nucléiques dans les tissue animaux et les oeufs d'amphibiens en voie de développment. Arch. Biol. (Liège) **53**, 207—257 (1941a).
— La détection histochimique et le microdosage des acides pentosenucléiques. Enzymologia **10**, 87—96 (1941b).
— Specifity of the Feulgen reaction for thymonucleic acid. Experientia (Basel) **2**, 142—143 (1946).
— Nucleic acids in the cell and the embryo. Symp. Soc. exp. Biol. **1**, 207—224 (1947).
— Chemical Embryology. New York and London: Academic Press 1950.
— Biochemical cytology. New York and London: Academic Press 1957.
— The biochemistry of development. London-New York-Paris-Los Angeles: Pergamon Press 1960.
Braden, A. W. H.: Properties of the membranes of rat and rabbit eggs. Austral. J. sci. Res. B **5**, 460—471 (1952).
Brambell, F. W. R.: The development and morphology of the gonads of the mouse. I. The morphogenesis of the indifferent gonad and of the ovary. Proc. roy. Soc. B **101**, 391—409 (1927).
— Transport across the fetal membranes. Cold Spr. Harb. Symp. quant. Biol. **19**, 71—81 (1954).
— Ovarian changes. In: Marshalls Physiology of reproduction (A. S. Parkes, ed.), vol. I, p. 397—542. London: Langmans, Green & Co. 1956.
—, and W. A. Hennings: The passage into the embryonic yolk-sac cavity of maternal plasma proteins in rabbits. J. Physiol. (Lond.) **108**, 177—184 (1949).
Brandau, H., u. W. Luh: Zur Lokalisation der innersekretorischen Funktion des menschlichen Ovars. Acta endocr. (Kbh.) **46**, 580—596 (1964).
Briggs, R., E. V. Green, and T. J. King: An investigation of the capacity for cleavage and differentiation in Rana pipiens eggs lacking "functional" chromosomes. J. exp. Zool. **116**, 455—500 (1951).
Brinkley, B. R.: The fine structure of the nucleolus in mitotic division of Chinese Hamster cells in vitro. J. Cell Biol. **27**, 411—422 (1965).
Brinster, R. L.: Studies of the development of mouse embryos in vitro: energy metabolism. In: Preimplantation stages of pregnancy (ed. G. E. W. Wolstenholme and M. O'Connor). London: J. & A. Churchill 1965.
Brown, F., and J. F. Danielli: The cell surface and cell physiology. In: Cytology and cell physiology (G. H. Bourne, ed.), p. 239—310. New York and London: AcademicP ress 1964.
Bruni, C., M. K. Gey, and M. Sootelis: Changes in the fine structure of HeLa cells in relation to growth. Bull. Johns Hopk. Hosp. **109**, 160—177 (1961).
Bulmer, D.: The histochemical distribution of β-Glucuronidase activity in the ovary. J. Endocr. **26**, 171—172 (1963).

Burgos, M. H., and D. W. Fawcett: Studies on the fine structure of the mammalian testis. I. Differentiation of the spermatids in the cat (Felis domestica). J. biophys. biochem. Cytol. 1, 287—299 (1955).
— — An electron microscope study of spermatid differentiation in the toad, Bufo arenarum Hensel. J. biophys. biochem. Cytol. 2, 223—240 (1956).
Burkl, W.: Zum Problem der postnatalen Ovogenese. Wien. klin. Wschr. 1954, 715—719.
— Die postpuberale Oogenese bei Säugetieren und Menschen. Wien. klin. Wschr. 1955, 759—761.
— Die Neubildung von Primärfollikeln vor und nach Beginn der Geschlechtsreife bei verschiedenen Säugetieren. Z. Zellforsch. 43, 345—382 (1955).
— Wachsende Eierstockfollikel mit mehreren Oocyten. Anat. Anz. 109, 164—169 (1961).
—, u. G. Kellner: Über die Entstehung der Zwischenzellen im Rattenovar und ihre Bedeutung im Rahmen der Oestrogenproduktion. Z. Zellforsch. 40, 361—378 (1954).
Carstens, P.-M.: Elektronenmikroskopische Probleme bei Strukturdeutungen von Einschlußkörpern im menschlichen Corpus luteum. Arch. Gynäk. 200, 552 (1965).
Carter, F., M. E. Simpson, and H. M. Evans: Conditions necessary for the induction of ovulation in hypophysectomized rats. Anat. Rec. 130, 283 (1958) abstr.
— M. C. Woods, and M. E. Simpson: The role of the pituitary gonadotropins in induction of ovulation in the hypophysectomized rat. In: C. A. Villee, Control of ovulation. London and New York: Pergamon Press 1961.
Cesa-Bianchi, D.: Über das Vorkommen besonderer Gebilde in den Eiern mancher Säugetiere. Arch. mikr. Anat. 67, 647—679 (1906).
Chambers, R.: Structural and kinetic aspects of cell division. J. cell comp. Physiol. 12, 149—165 (1938).
Chang, M. C., and D. M. Hunt: Effects of proteolytic enzymes on the zona pellucida of fertilized and infertilized mammalian eggs. Exp. Cell Res. 11, 497—499 (1956).
Chaudry, H. S.: The origin and the structure of the zona pellucida in ovarian eggs of teleosts. Z. Zellforsch. 43, 478—485 (1956).
Chiquoine, A. D.: Electron microscopic observations on the development cytology of the mammalian ovum. Anat. Rec. 133, 258—259 (1959).
— The development of the zona pellucida of the mammalian ovum. Amer. J. Anat. 106, 149—169 (1960).
Christensen, A. K.: The fine structure of interstitial tissue of the rat testis at various ages and after experimental treatment. Anat. Rec. 133, 367—368 (1959).
Claesson, L.: Quantitative relationship between gonadotrophic stimulation and lipid changes in the interstitial gland of the rabbit ovary. Acta physiol. scand. 31, Suppl. 113, 23—51 (1954a).
— The intracellular localization of the esterified cholesterol in the living interstitial gland cell of the rabbit ovary. Acta physiol. scand. 31, Suppl. 113, 53—78 (1954b).
Clark, A. M.: Some effects of removing the nucleus from Amoeba. Aust. J. exp. Biol. med. Sci. 20, 241—247 (1942).
Clark, E. B.: Observations on the ova and ovaries of the guinea pig Cavia cobaya. Anat. Rec. 25, 313—331 (1923).
Clark, W. H.: Electron microscopic studies of nuclear extrusions in pancreatic acinar cells of the rat. J. biophys. biochem. Cytol. 7, 345—352 (1960).
Clermont, Y., R. E. Glegg, and C. P. Leblond: Presence of carbohydrates in the acrosome of the guinea pig spermatozoon. Exp. Cell Res. 8, 453—458 (1955).
—, and C. P. Leblond: Spermiogenesis of man, monkey, ram and other mammals as shown by the "Periodic acid-Schiff" technique. J. Amer. Anat. 96, 229—254 (1955).
Colwin, A. L., and L. Hunter-Colwin: Egg membrane lytic activity of sperm extract and its significance in relation to sperm entrance in Hydroides hexagonus (Annelida). J. biophys. biochem. Cytol. 7, 321—328 (1960).
— Fine structure of the spermatozoon of Hydroides hexagonus (Annelida), with special reference to the acrosomal region. J. biophys. biochem. Cytol. 10, 211—230 (1961a).
— Changes in the spermatozoon during fertilization in Hydroides hexagonus (Annelida). II. Incorporation with the egg. J. biophys. biochem. Cytol. 10, 255—274 (1961b).

Colwin, L. H., and A. L. Colwin: Lytic and other activities of the individual spermatozoon during the early events of sperm entry (Hydroides, Saccoglossus, and several other invertebrates). Biol. Bull. **113**, 316 (1957) abstr.

Corner, G. W.: The sites of formation of oestrogenic substances in the animal body. Physiol. Rev. **18**, 154—172 (1938).

Crabo, B.: Fine structure of the interstitial cells of the rabbit testes. Z. Zellforsch. **61**, 587—604 (1963).

Crawley, J. C. W., and H. Harris: The fine structure of isolated Hela cell nuclei. Exp. Cell Res. **31**, 70—81 (1963).

Dalcq, A. M.: New descriptive and experimental date concerning the mammalian egg, principally of the rat. I. Proc. kon. ned. Akad. Wet. C **54**, 351 (1951).

— L'oeuf des mammifères comme objet cytologique (avec une technique de montage "in toto" et ses premiers résultats). Bull. Acad. roy. Méd. Belg. **17**, 236—264 (1952).

— Nouvelles donneés structurales et cytochimiques sur l'oeuf de quelquels Rongeurs. C. R. Soc. Biol. (Paris) **148**, 1332—1373 (1954).

— Effects du réactif de Schiff sur les oeufs en segmentation du rat et de la souris. Exp. Cell Res. **10**, 99—119 (1956).

— Introduction to general embryology. Oxford: Clarendon Press 1957.

— The relation to lysosomes of the in vivo metachromatic granules. Ciba Foundation on Lysosomes, ed. A. V. S. de Reuck and M. P. Cameron. London: Churchill 1963. p. 226—263 (1963).

— Le centrosome. Bull. Cl. Sci. Acad. R. Belg. **50**, 1408—1449 (1964).

— Détection des enzymes de déphosphorylation dans les oeufs de rat et de souris fixés au formol et traités in toto. Arch. Biol. (Liège) **77**, 205—343 (1966).

—, et M. Decreef: Nouvelles obervations sur les granules cytoplasmiques dans l'oeuf de rat et de souris. C. R. Ass. Anat. **45**, 329—336 (1958).

—, et J. J. Pasteels: Les sites de déphosphorylation dans l'oeuf fixéde Pholade incubé en présence de 'ATP. Arch. Anat. (Strasbourg) **44**, 75—89 (1962).

Dalton, A. J.: A chrome-osmium fixative for electron microscopy. Anat. Rec. **121**, 281 (1955).

Dan, J. C.: On the mechanism of astral cleavage. Physiol. Zool. **21**, 191—218 (1948).

—, The acrosome reaction. Int. Rev. Cytol. **5**, 365—393 (1956).

— Studies on the acrosome. VI. Fine structure of the starfish acrosome. Exp. Cell Res. **19**, 13—28 (1960).

—, and J. C. Dan: Behaviour of the cell surface during cleavage. III. On the formation of new surface in eggs of Strongylocentrotus pulcherismus. Biol. Bull. **78**, 86—501 (1940).

— — Behaviour of the cell surface during cleavage. VII. On the division mechanism of cells with excentric nuclei. Biol. Bull. **93**, 139—162 (1947).

Dantschakoff, V.: La différenciation du sexe chez les vertébrés. In: Colloque sur la Différenciation sexuelle chez les Vertébrés. Paris, Centre National de la Recherche Scientific, 185—212 (1951).

Das, R. S.: Cytoplasmic inclusions in the oogenesis of Columba. Allahabad Univ. Studies 4 (1928).

Dauzier, L., et C. Thibault: Donnés nouvelles sur la fécondation in vitro de l'oeuf de la lapine et de la brebis. C. R. Acad. Sci. (Paris) **238**, 2655—2656 (1959).

— — et S. Wintenberger: La fécondation in vitro de l'oeuf de la lapine. C. R. Acad. Sci. (Paris) **238**, 844—845 (1954).

David, H.: Physiologische und pathologische Modifikationen der submikroskopischen Kernstruktur. II. Die Kernmembran. Z. mikr.-anat. Forsch. **71**, 526—550 (1964a).

— Physiologische und pathologische Modifikationen der submikroskopischen Kernstruktur. III. Der Nucleus. Z. mikr.-anat. Forsch. **71**, 551—586 (1964b).

Davis, J. G. M.: The ultrastructure of the mammalian nucleolus. In: The cell nucleus (J. S. Mitchell, ed.). London: Butterworth & Co. 1960.

Dawson, A. B.: Histogenetic interrelationship of occytes and follicle cells. A possible explanation of the mode of origin of certain polyovular follicles in the immature rat. Anat. Rec. **110**, 181—197 (1951).

—, and M. McGabe: The interstitial tissue of the ovary in infantile and juvenile rats. J. Morph. **88**, 543 (1951).

Deane, H. W., and W. L. Barker: A cytochemical study of lipids in the ovaries of the rat and sow during the oestrous cycle. In: Testis, ovary, eggs and sperm (E. T. Engle, ed.), p. 176—195. Springfield (ill.): Ch. C. Thomas 1952.

Defrise, A.: Some observations on living eggs and blastulae of the albino rat. Anat. Rec. 57, 239—250 (1933).

Dempsey, E. W., and D. L. Basset: Observations on the fluorescence birefringency and histochemistry of the rat ovary during reproductive cycle. Endocrinology 33, 394—401 (1943).

—, and G. B. Wislocki: Observations on some histochemical reactions in the human placenta, with special reference to the significance of the lipoids, glycogen and iron. Endocrinology 35, 409—429 (1944).

De Robertis, E.: The nucleo-cytoplasmic relationship and the basophilic substance (ergastoplasm) of nerve cells. (Electron microscope observations.) J. Histochem Cytochem. 2, 341—345 (1954).

— Morphogenesis of the retinal rods. An electron microscopy study. J. biophys. biochem. Cytol. 2, Suppl., 209—218 (1956).

— Electron microscopic observations on the submicroscopic morphology of the meiotic nucleus and chromosomes. J. biophys. biochem. Cytol. 2, 785—795 (1956).

Dickmann, Z.: Sperm penetration into and through the zona pellucida of the mammalian egg. In: Preimplantation stages of pregnancy (ed. G. E. W. Wolstenholme and M. O'Connor). London: J. & A. Churchill 1965.

Dirksen, E. R.: Ph. D. Thesis, Univ. of California, Berkeley, California, 1961. Zit. nach D. Mazia 1961.

Dollander, A.: Variations de structure du cortex de l'oeuf. C.R. Ass. Anat. XLIe Réunion, Gênes (1954a).

— La structure du cortex de l'oeuf de Triton observée sur coupes fines et ultrafines au microscope ordinaire, et au microscope électronique. C.R. Soc. Biol. (Paris) 148, 152 (1954b).

— Ultrastructure de la région corticale de l'ovocyte et de l'oeuf fécondé symétrisé chez le Triton. C.R. Soc. Biol. (Paris) 150, 998 (1956).

— Le cortex de l'oeuf d'amphibien. Verh. Ier Congr. Européen d'Anatomie, Strasbourg 1960. Anat. Anz., Erg.-Bd. 109, 274—306 (1960/61).

Duryee, W. R.: Microdissection studies on human ovarian eggs. Trans. N.Y. Acad. Sci. 17, 103—108 (1954).

Duve, Ch. de: Les lysosomes. Bull. Acad. roy. Méd. Belg. 23, 608—618 (1958).

— Lysosomes, a new group of cytoplasmic particles. In: Subcellular particles (T. Hyashi, ed.). New York: Ronald Press 1959.

Edwards, R. G.: Meiosis in ovarian oocytes of adult mammals. Nature (Lond.) 196, 446—450 (1962).

— Maturation in vitro of human ovarian oocytes. Lancet 1965 II, 926—929.

—, and A. H. Gates: Embryonic development in superovulated mice not receiving the coital stimulans. Anat. Rec. 135, 291—301 (1959).

Elbers, P. F.: Electron microscopy of protein crystals in ultrathin sections of the egg of Limnea stagnalis. Proc. kon. ned. Akad. Wet. 60, 96—98 (1957).

Enders, A. C.: The structure of the Armadillo blastocyst. J. Anat. (Lond.) 96, 39—46 (1962).

—, and S. J. Schlaffke: The fine structure of the blastocyst: some comparative studies. In: Preimplantation stages of pregnancy (ed. G. E. W. Wolstenholme and M. O'Connor). London: J. & A. Churchill 1965.

Endo, Y.: The role of the cortical granules in the formation of the fertilization membrane in eggs from Japanese sea urchins. I. Exp. Cell Res. 3, 406—418 (1954).

Engle, E. T.: A quantitative study of follicular atresia in the mouse. Amer. J. Anat. 39, 187—203 (1927).

Estable, C., y J. R. Sotelo: Una nueva estructura celular el nucleolonema. Publ. Inst. Invest. Ci. Biol. 1, 105—126 (1951).

Evans, H. M., and O. Swezy: Oogenesis and the normal follicular cycle in adult mammals. Mem. Univ. Calif. 9, 119—225 (1931).

Everett, N. D.: The present status of the germ cell problem in vertebrates. Biol. Rev. 20, 45—55 (1945).

Falck, B.: Occurence of cholesterol and formation of oestrogen in the infantile rat ovary. Acta endocr. (Kbh.) **12**, 115—122 (1953).
— Site of production of oestrogen in rat ovary as studied in micro-transplants. Acta physiol. scand. **47**, Suppl. 163, 1—101 (1959).
Fankhausen, G.: Cytological studies on the egg fragments of the salamander Triton. III. The early development of the sperm in egg fragments without the egg nucleus. J. exp. Zool **67**, 159 (1934).
Farquhar, M. G., and G. E. Palade: Functional evidence for the existence of a third cell type in renal glomerulus. J. Cell Biol. **13**, 55—87 (1962).
Fautrez, J., et N. Fautrez-Firlefyn: A propos de relation entre nucléole et cytoplasme dans l'oocyte de cyclops strenuus. C.R. Soc. Biol. (Paris) **147**, 351 (1953).
Fautrez-Firlefyn, N.: Proteines, lipides et glucides dans l'oeuf d'Artemia salina. Arch. Biol. (Liège) **68**, 249—296 (1957).
Favard, P., et N. Carasso: Origine et ultrastructure des plaquettes vitellines de la planorbe. Arch. Anat. micr. Morph. exp. **47**, 211—234 (1958).
Fawcett, D. W.: The structure of the mammalian spermatozoon. Int. Rev. Cytol. **7**, 195—234 (1958).
— Sperm tail structure in relation to the mechanism of movement. Spermatozoan Motility, Copyright 1962 by the American Association for the Advancement of Science, Washington D. C. 147—169.
—, and M. H. Burgos: Studies on the fine structure of the mammalian testes. II. The human interstitial tissue. Amer. J. Anat. **107**, 245—270 (1960).
— S. Ito, and D. Slautterback: The occurrence of intercellular bridges in groups of cells exhibiting synchronous differentiation. J. biophys. biochem. Cytol. **5**, 453—460 (1959).
Fekete, E.: Polyovular follicles in the C 58 strain of mice. Anat. Rec. **108**, 699—707 (1950).
— A morpholigical study of the ovaries of virgin mice of eight inbred strains showing quantitative differences in their hormone producing components. Anat. Rec. **117**, 93—113 (1953).
—, and F. Duran-Reynals: Hyaluronidase in the fertilization of mammalian ova. Proc. Soc. exp. Biol. (N.Y.) **52**, 119—121 (1943).
Felix, W.: The development of the urogenital organs. In: Manual of human embryology (F. Keibel and F. P. Mall, ed.), Bd. 2, p. 752—979. Philadelphia and London: J. B. Lippincott Co. 1912.
Fetzer, S., J. Hillebrecht u. H. E. Muschke: Zur Morphokinese der interstitiellen Zellen des Ovariums der Ratte. Naturwissenschaften **42**, 302 (1955).
Flemming, W.: Zellsubstanz, Kern und Zelltheilung. Leipzig: F. C. W. Vogel 1882.
Franchi, L.: Electron microscopy of oocyte follicle cell relationship in the rat ovary. J. biophys. biochem. Cytol. **7**, 397—398 (1960).
Franklin, L. E.: Morphology of gamete membrane fusion and of sperm entry into oocytes of the sea urchin, J. Cell Biol. **25**, 81—100 (1965).
— A. M. Mandl, and S. Zuckerman: The development of the ovary and the process of oogenesis. In: The ovary (S. Zuckerman, A. M. Mandl and P. Eckstein, ed.). NewYork: Academic Press 1962.
Fredricsson, B., and N. Björkman: Studies on the ultrastructure of the human oviduct epithelium in different functional states. Z. Zellforsch. **58**, 387—402 (1962).
Fuchs, U.: Elektronenmikroskopische Beobachtung multivesikulärer Körper in Endothel- und Skelettmuskelzellen. Z. mikr.-anat. Forsch. **70**, 391—396 (1963).
Gardner, W. S.: On the origin of ovarian epithelium. Amer. J. Obstet. Gynec. **23**, 54—61 (1932).
Gatenby, J. B.: The cytoplasmic inclusions of the germ cells. V. The gametogenesis and early development of Limnea stagnalis L. with special reference to the Golgi apparatus. Quart. J. micr. Sci. **63**, 445—449 (1919).
—, and H. W. Beams: The cytoplasmic inclusions in the spermatogenesis of man. Quart. J. micr. Sci. **78**, 1—33 (1935).
Gates, A.: Viability and developmental capacity of eggs from immature mice treated with gonadotrophins. Nature (Lond.) **177**, 754—755 (1956).
Gay, H.: Chromosome-nuclear membrane-cytoplasmic interrelations in Drosophila. J. biophys. biochem. Cytol. **2**, Suppl., 407—414 (1956).

GEETER, L. DE: Etude sur la structure de l'oeuf vierge et les premiers stades du dévelopment chez le Cobaye et le Lapin. Arch. Biol. (Liège) 65, 363 (1954).

GELLER, F. C.: Der Brunstcyklus der weißen Maus nach Sterilisationsbestrahlung nebst allgemeinen Betrachtungen über den Brunstcyklus überhaupt. Arch. Gynäk. 139, 530—536 (1930).

— The development of the gonads in man, with a consideration of the role of fetal endocrines and the histogenesis of ovarian tumors. Contr. Embryol. Carneg. Instn 32, 81—131 (1948).

GEMZELL, C. A.: The induction of ovulation in the human by human pituitary gonadotrophins. In: Control of ovulation (ed. C. A. VILLÉE). NewYork: Academic Press 1961.

— Induction of ovulation with human gonadotropins. Sec. Internat. Congr. Endocrinol. London 1964.

GOLGI, C.: 1892, zit. nach G. CH. HIRSCH 1960.

GOTTSCHEWSKI, G. H. M.: Probleme der Frühentwicklung beim Säugetier. Naturwiss. Rdsch. 15, 257—264 (1962).

—, u. W. ZIMMERMANN: Nachweis von mütterlichen Proteinen und TMV-Antikörpern in der Dottersackflüssigkeit von Kaninchenfruchtblasen zur Zeit der Nidation. Naturwissenschaften 48, 557 (1961).

GRAY, E. G., and R. W. GUILLERY: On nuclear structure in ventral nerve cord of the leech. Hirudo medicinalis. Z. Zellforsch. 59, 738—745 (1963).

GREENWALD, G. S.: The role of the mucin layer in development of the rabbit blastocyst. Anat. Rec. 142, 407—415 (1962).

GRESSON, R. A. R.: A study of the cytoplasmic inclusions and nucleolar phenomena during oogenesis of the mouse. Quart. J. micr. Sci. 75, 697—722 (1933).

— A study of the cytoplasmic inclusions during the maturation, fertilization and the first cleavage division of the egg of the mouse. Quart. J. micr. Sci. 83, 35 (1941).

GROODT-LASSEEL, M. DE: Functie en vorm van de interstitielle cellen van het ovarium. Brüssel: Presses Academiques Européennes S.C. 1963.

GROSS, F.: Cleavage of blastomeres in the absence of nuclei. Quart. J. micr. Sci. 79, 57—72 (1936).

GROSS, P. R., D. E. PHILPOTT, and S. NASS: Electron microscopy of the centrifuged sea urchin egg, with a note on the structure of the ground cytoplasm. J. biophys. biochem. Cytol. 7, 135—142 (1960).

GRÜNWALD, P.: The development of the sex cords in the gonads of man and mammals. Amer. J. Anat. 70, 359—397 (1942).

— Über Form und Verlauf der Keimstränge bei Embryonen der Säugetiere und des Menschen. II. Die Keimstränge des Eierstockes. Z. Anat. Entwickl.-Gesch. 103, 259—277 (1943).

HADEK, R.: Submicroscopic changes in the penetrating spermatozoon of the rabbit. J. Ultrastruct. Res. 8, 161—169 (1962).

— Submicroscopic study on the sperm induced cortical reaction in the rabbit ovum. J. Ultrastruct. Res. 9, 99—109 (1963a).

— Study on the fine structure of rabbit sperm head. J. Ultrastruct. Res. 9, 110—122 (1963b).

— Submicroscopic study on the cortical villi in the rabbit ovum. J. Ultrastruct. Res. 10, 58—65 (1964).

—, and H. SWIFT: A cristalloid inclusion in the rabbit blastocyst. J. biophys. biochem. Cytol. 8, 836—841 (1960).

— — Nuclear extrusion and intracisternal inclusions in the rabbit blastocyst. J. Cell Biol. 13, 445—451 (1962).

HAECKER, V.: Das Keimbläschen, seine Elemente und Lageveränderungen. Arch. mikr. Anat. 41, 452—492 (1893).

— Die Vorstadien der Eireifung. Arch. mikr. Anat. 45, 200—273 (1895).

— Praxis und Theorie der Zellen- und Befruchtungslehre. Jena: Gustav Fischer 1899.

HAFEZ, E. S. E.: Storage media for rabbit ova. J. appl. Physiol. 20, 731—736 (1965).

HAGSTRÖM, B. E.: Studies on the fertilization of jelly-free sea urchin eggs. Exp. Cell Res. 10, 24—28 (1956).

—, and B. HAGSTRÖM: A method of determining the fertilization rate in sea urchins. Exp. Cell. Res. 6, 479—484 (1954a).

— — Re-fertilization of the sea urchin egg. Exp. Cell Res. 6, 491—496 (1954b).

Hargitt, G. T.: The formation of the sex glands and germ cells of mammals. III. The history of the female germ cells in the Albino rat to the time of sexual maturity. J. Morphol. **49**, 277—321 (1930).
— The formation of the sex glands and germ cells of mammals. IV. Continous origin and degeneration of germ cells in the female Albino rat. J. Morphol. **49**, 333—348 (1930).
Harrington, F. E.: Effect of estradiol benzoate on ova transport in superovulated immature mice. Endocrinology **75**, 461-465 (1964).
Harris, H.: Formation of the nucleolus in animal cells. Nature (Paris) **19**, 1077—1078 (1961).
Harrison, R. J.: The changes occurring in the ovary of the goat during the oestrus cycle and in early pregnancy. J. Anat. (Lond.) **82**, 21—48 (1948).
Hartmann, C. G., and G. W. Corner: The first maturation division of the macaque ovum. Contr. Embryol. Carneg. Instn **29**, 1—6 (1941).
Harven, E. de, et W. Bernhard: Etude au microscope electronique de l'ultrastructure du centriole chez les vertébrés. Z. Zellforsch. **45**, 378—398 (1956).
Harvey, E. B.: Parthenogenetic merogony or cleavage without nuclei in Arbacia punctulata. Biol. Bull. **71**, 101—121 (1936).
— A comparison of the development of nucleate and non-nucleate eggs of Arbacia punctulata. Biol. Bull. **79**, 166—187 (1940).
Hedberg, E.: The chemical composition of the human ovarian oocyte. Acta endocr. (Kbh.) **14**, Suppl. 15, 1—89 (1953).
Hibbard, H.: Contribution à l'étude de l'ovogénèse de la fécondation et de l'histogenese chez Discoglornis pictus Otth. Arch. Biol. (Liège) **38**, 251 (1928).
Hiramoto, Y.: A quantitative description of protoplasmic movement during cleavage in the sea urchin egg. J. exp. Biol. **35**, 407—424 (1958).
Hirsch, G. Ch.: Form- und Stoffwechsel der Golgi-Körper. Berlin: Gebrüder Bornträger 1939.
— Die Zellorganellen. In: Handbuch der Biologie, Bd. I. Konstanz: Akademische Verlagsgesellschaft Athenaion 1960.
Hodge, A. J., E. M. Martin, and R. K. Morton: The structure of some cytoplasmic components of plant cells in relation to the biochemical properties of isolated particles. J. biophys. biochem. Cytol. **3**, 61—88 (1957).
Holt, S. J., and R. M. Hicks: The localization of acid phosphatase in rat liver cells as revealed by combined cytochemical staining and electron microscopy. J. biophys. biochem. Cytol. **11**, 47—66 (1961).
Holtfreter, J.: Properties and functions of the surface coat in amphibian embryos. J. exp. Zool. **93**, 251 (1943).
— Concepts on the mechanism of embryonic induction and their relationship to parthenogenesis and malignancy. Symp. of the Soc. for Exper. Biol. II. Growth (1948).
Hope, J.: The fine structure of the developing follicle of the Rhesus ovary. J. Ultrastruct. Res. **12**, 592—610 (1965).
— A. A. Humphries jr., and G. H. Bourne: Ultrastructural studies on developing oocytes of the Salamander Triturus viridescens. I. The relationship between follicle cells and developing oocytes. J. Ultrastruct. Res. **9**, 302—324 (1963).
— — — Ultrastructural studies on developing oocytes of the Salamander Triturus viridescens. II. The formation of yolk. J. Ultrastruct. Res. **10**, 547—556 (1964).
Horstmann, E.: Zur Elektronenmikroskopie des Nucleolus und des Karyoplasma. Verh. Dtsch. Ges. Path. **1957**, 361—365 (1958).
— Elektronenmikroskopische Untersuchungen zur Spermiohistogenese beim Menschen. Z. Zellforsch. **54**, 68—89 (1961).
—, u. A. Knoop: Zur Struktur des Nucleolus und des Kernes. Z. Zellforsch. **46**, 100—107 (1957).
Humphreys, E. M., and S. Zuckerman: Unilateral ovariectomy after X-irradiation of the ovaries. J. Endocr. **10**, 155—166 (1954).
Hunter-Colwin, L. and A. L. Colwin: Formation of sperm entry holes in the vitelline membrane of Hydroides hexagonus (Annelida) and evidence of their lytic origin. J. biophys. biochem. Cytol. **7**, 315—320 (1960).

INGRAM, D. L.: Atresia. In: The ovary (S. ZUCKERMAN, ed.), p. 247—266. New York and London: Academic Press 1962.

IZQUIERDO, L., and J. D. VIAL: Electron microscope observations on the early development of the rat. Z. Zellforsch. **56**, 157—179 (1962).

JÄGERSTEN, G.: Besitzen Dotterkörnchen vitale Eigenschaften? Z. Zellforsch. **29**, 356—373 (1939).

JIRÁSEK, J. E.: Die Verteilung der Urgeschlechtszellen in den Keimdrüsen menschlicher Feten. Eine histoenzymologische Studie. Acta histochem. (Jena) **13**, 220—225 (1962).

JONES, O. P.: Persistence of nucleolar material in mitotic erythroblasts. Proc. V. Internat. Congr. Electr. Microscopy, Philadelphia 1962, vol. II. New York and London: Academic Press 1962.

JONES-SEATON, A.: Etude de l'organisation cytoplasmique de l'oeuf des Rongeurs, principalement quant àla basophilie ribonucléique. Arch. Biol. (Liège) **61**, 291 (1950).

KAMPMEIER, C. F.: On the problem of "parthenogenesis" in the mammalian ovary. Amer. J. Anat. **43**, 45—64 (1929).

KARNOVSKY, M. J.: Simple methode for "staining with lead" at high pH in electron microscopy. J. biophys. biochem. Cytol. **11**, 729—732 (1961).

KAWAMURA, N.: Cytochemical and quantitative study of protein bound sulfhydryl and disulfide groups in eggs of Arbacia during the first cleavage. Exp. Cell Res. **20**, 127—138 (1960).

—, and K. DAN: A cytological study of the sulfhydryl groups of sea urchin eggs during the first cleavage. J. biophys. biochem. Cytol. **4**, 615—620 (1958).

KEMP, N. E.: Protoplasmic bridges between oocytes and follicle cells in vertebrates. Anat. Rec. **130**, 324—325 (1958).

KESSEL, R. G.: Electron microscopic studies on oocytes of an Echinoderm (Thyone briareus) with special reference to the origin and structure of the annulate lamellae. J. Ultrastruct. Res. **10**, 498—514 (1964).

— Electron microscope studies on the origin of annulate lamellae in oocytes of Necturus. J. Cell Biol. **19**, 391 (1963).

— Intranuclear and cytoplasmic annulate lamellae in tunicate oocytes. J. Cell Biol. **24**, 471—488 (1965).

KING, R. C.: Oogenesis in adult Drosophila melanogaster. Studies on the cytochemistry and ultrastructure of developing oocytes. Growth **24**, 265 (1960).

KINGERY, H. M.: Oogenesis in the white mouse. J. Morph. **30**, 261—315 (1927).

KINGSBURY, B. F.: Atresia and the interstitial cells of the ovary. Amer. J. Anat. **65**, 309—352 (1939).

KNESE, K. H., u. A. M. KNOOP: Elektronenmikroskopische Befunde über die Mukopolysaccharidbildung. IX. Tagung der Dtsch. Ges. für Elektronenmikroskopie, Freiburg, 1959.

KORSCHELT, E., u. K. HEIDER: Lehrbuch der vergleichenden Entwicklungsgeschichte der wirbellosen Thiere. Jena: Gustav Fischer 1902.

— — Vergleichende Entwicklungsgeschichte der Tiere. Jena: Gustav Fischer 1936.

KRAUSS, M.: Lytic agents of the sperm of some marine animals. J. exp. Zool. **114**, 239 (1950).

KREMER, J.: Das Verhalten der Vorkerne im befruchteten Ei der Ratte und der Maus mit besonderer Berücksichtigung ihrer Nukleolen. Z. mikr.-anat. Forsch. **1**, 353—390 (1924).

KRISZAT, G.: Zentrifugierversuche über den Einfluß von Perjodat auf den Zustand der Plasmamembran und des Zytoplasmas der Seeigeleier. Exp. Cell Res. **11**, 503—505 (1956).

KUROSUMI, K.: Electron microscope studies on mitosis in sea urchin blastomeres. Protoplasma (Wien) **49**, 116—139 (1958).

KYANK, H.: Ovarialbefunde bei glandulärer Hyperplasie. Zbl. Gynäk. **71**, 1202—1210 (1949).

LA COUR, L. F.: Behaviour of nucleoli in isolated nuclei. Exp. Cell Res. **34**, 239—242 (1964).

LAFONTAINE, J. G.: Structure and mode of formation of the nucleolus in meristematic cells of Vicia faba and Allium cepa. J. biophys. biochem. Cytol. **4**, 777—784 (1958).

LAMS, H., et J. DOORME: Nouvelles recherches sur la maturation et la fécondation de l'oeuf des mammifères. Arch. Biol. (Liège) **23**, 259 (1908).

LANZAVECCHIA, G.: Organization of frog oocytes before the yolk synthesis. Proc. V. Internat. Congr. Electr. Microscopy Philadelphia 1962, Bd. II. New York and London: Academic Press 1962.

Leblond, C. P., and Y. Clermont: Spermiogenesis of rat, mouse, hamster and guinea pig as revealed by the "periodic acid-fuchsin sulfurous acid" technique. Amer. J. Anat. 90, 167—216 (1952).

Lehmann, F. E.: Functional aspects of submicroscopic nuclear structures in Amoeba proteus, and of the mitotic apparatus of Tubifex embryos. Exp. Cell Res., Suppl. 6, 1—16 (1959).

—, and V. Mancuso: Improved fixative for astral rays and nuclear membrane of Tubifex embryos. Exp. Cell Res. 13, 161—164 (1957).

Lenhossék, M. von: Untersuchungen über Spermatogenese. Arch. mikr. Anat. 51, 215—318 (1898).

Leuchtenberger, C., and F. Schrader: The chemical nature of the acrosome in the male germ cells. Proc. nat. Acad. Sci. (Wash.) 36, 677—683 (1950).

Lévine, W. T., and E. Witschi: Endocrine reactions in female rats after x-ray treatment of ovaries. Proc. Soc. exp. Biol. (N.Y.) 30, 1152—1153 (1933).

Loeb, J.: Über die osmotischen Eigenschaften und die Entstehung der Befruchtungsmembran beim Seeigelei. Arch. Entwickl. Mech. Org. 26, 82—88 (1908).

Luft, J. H.: Improvement in epoxy resin embedding methods. J. biophys. biochem. Cytol. 9, 409 (1961).

Marsland, D., and J. V. Landau: The mechanism of cytokinesis: temperature-pressure studies on the cortical gel system in various marine eggs. J. exp. Biol. 125, 507—539 (1954).

Martinez-Esteve, P.: Observations on the histology of the opossum ovary. Contr. Embryol. Carneg. Instn. 30, 17—26 (1942).

Mazanek, K.: Über die Veränderungen am Kern und Cytoplasma der Blastomeren während der Furchung eines Säugetiereies. Proc. of the III. European Regional Conference, Electron microscopy, Prague, 465—466, 1964.

Mazia, D.: Fibrous proteins and their biological significance, vol. VI, 370 p. London: Cambridge University Press 1955, Symp. Soc. exp. Biol. 9, 335 (1955).

— Mitosis and the physiology of cell division. In: The cell (J. Brachet and A. E. Mirsky, ed.), Bd. III. New York and London: Academic Press 1961.

—, and K. Dan: The isolation and biochemical characterisation of the mitotic apparatus of dividing cells. Proc. nat. Acad. Sci. (Wash.) 38, 826—838 (1952).

McClean, D., and J. W. Rowlands: Role of hyaluronidase in fertilization. Nature (Lond.) 150, 627—628 (1942).

McKay, D. G., and D. Robinson: Observations on the fluorescence, birefringence and biochemistry of the human ovary during the menstrual cycle. Endocrinology 41, 378—394 (1947).

— —, and A. T. Hertig: Histochemical observations on granulosa cell tumors, sarcomas and fibromas of the ovary. Amer. J. Obstet. Gynec. 58, 626—639 (1949).

Meden, F. G. von: Beiträge zur Frage der Befruchtungsstoffe bei marinen Mollusken. Biol. Zbl. 62, 431 (1942).

Menkin, M. F., and J. Rock: In vitro fertilization and cleavage of human ovarian eggs. Amer. J. Obstet. Gynec. 55, 440—452 (1948).

Mercer, E. H., and L. Wolpert: Electron microscopy of cleaving sea urchin eggs. Exp. Cell Res. 14, 629—632 (1958).

Merker, H.-J.: Elektronenmikroskopische Untersuchungen über die Bildung der Zona pellucida in den Follikeln des Kaninchenovars. Z. Zellforsch. 54, 677—688 (1961).

— H. Greiling u. Th. Günther: Über das Vorkommen und die Bildung von Hyaluronsäure in Ascites-Tumorzellen. Z. Krebsforsch. 63, 490—496 (1960).

Merriam, R. W.: The origin and fate of annulate lamellae in maturing sand dollar eggs. J. biophys. biochem. Cytol. 5, 117—122 (1959).

— On the fine structure and composition of the nuclear envelope. J. biophys. biochem. Cytol. 11, 559—570 (1961).

Mèves, F.: Über den Befruchtungsvorgang bei der Miesmuschel (Mytilus edulis L.). Arch. mikr. Anat. 87, 47 (1915).

Meyer, G. F.: Interzelluläre Brücken (Fusome) im Hoden und im Ei-Nährzellenverband von Drosophila melanogaster. Z. Zellforsch. 54, 238—251 (1961).

Miller jr., O. L.: Studies on the ultrastructure and metabolism of nucleoli in amphibian oocytes. In: Electron microscopy (S. S. Breese jr., ed.). New York: Academic Press 1962.

Minot, C. S., and E. Tayler: Normal plates of the development of the rabbit (Lepus cuniculus L.). In: F. Keibel (Normentafeln zur Entwicklungsgeschichte der Wirbeltiere), Heft 5. Jena: Gustav Fischer 1905.

Mintz, B.: Continuity of the female germ cell line from embryo to adult. Arch. Anat. micr. Morph. exp. 48, 155—172 (1959a).

— Nuclear differentiation in early gonia of the mouse embryo. Anat. Rec. 134, 608 (1959b).

Mitchison, J. M.: Cell membranes and cell division. Symp. Soc. exp. Biol. 6, 105—127 (1952).

— Changes in the optical properties of the egg surface at fertilization. Exp. Cell Res. 10, 309—315 (1956).

—, and M. M. Swann: Optical changes in the membranes of the sea urchin egg at fertilization, mitosis and cleavage. J. exp. Biol. 29, 357—362 (1952).

Moricard, R.: Observation of in vitro fertilization in the rabbit. Nature (Lond.) 173, 1140 (1954).

Motomura, I.: On the early development of monozoic cestode, archigetes appendiculatus, including the ovogenesis and fertilization. Annot. zool. jap. 12, 109—129 (1941).

Müller, H. G.: Der Eiweißstoffwechsel der unbefruchteten und befruchteten Säugereizelle. Z. ges. exp. Med. 135, 299—311 (1962a).

— Der Eiweißstoffwechsel während der Embryonalentwicklung und seine Beziehung zur Genese der Embryopathien. Autoradiographische Untersuchungen mit Isotopen-markierten Aminosäuren an Embryonen der Ratte. Geburtsh. u. Frauenheilk. 22, 1308—1313 (1962b).

— Der Zelleiweißstoffwechsel während der Nidation, Plazentation und Keimesentwicklung. München u. Berlin: Urban & Schwarzenberg 1964.

Mulnard, J.: Etude morphologique et cytochimique de l'oogénèse chez Acanthoscelides obtectus Say. (Bruchide-Coléotère.) Arch. Biol. op. (Paris) 65, 261—314 (1954).

—, et A. M. Dalcq: Les polisaccharides dans le développement de l'oeuf tubaire du rat. C. R. Soc. Biol. (Paris) 149, 836—839 (1955).

Narain, D.: Cytoplasmic inclusions in the oogenesis of Sacchobranchus fossilis Clarias batrachus and Anabas scandens. Z. Zellforsch. 26, 625—640 (1937).

Nebel, B. R., and E. M. Coulon: The fine structure of chromosomes in pigeon spermatocytes. Chromosoma (Berl.) 13, 272—291 (1962).

Neumann, D.: Die Hiluszellen des Eierstockes. Die „sympathicotropen Zellen" L. Bergers. Virchows Arch. path. Anat. 273, 511—523 (1929).

Nilsson, O.: Ultrastructure of mouse uterine surface epithelium under different oestrogenic influences. 6. Changes of some cell components. J. Ultrastruct. Res. 2, 373—387 (1959).

Novikoff, A. B., and E. Essner: Cytolysomes and mitochondrial degeneration. J. Cell Biol. 15, 140—146 (1962).

Odor, D. L.: The temporal relationship of the first maturation division of rat ova to the onset of heat. Amer. J. Anat. 97, 461—491 (1955).

— Electron microscopic studies on ovarian oocytes and fertilized tubal ova in the rat. J. biophys. biochem. Cytol. 7, 567—574 (1960).

—, and L. F. Renninger: Polar body formation in the rat oocyte as observed with the electron microscope. Anat. Rec. 137, 13—23 (1960).

Oehler, J.-E.: Beitrag zur Kenntnis des Ovarialepithels und seiner Beziehungen zur Oogenese. Acta anat. (Basel) 12, 1—29 (1951).

Ohno, S., S. Makino, W. D. Kaplan, and R. Kinosita: Female germ cells of man. Exp. Cell Res. 24, 106—110 (1961).

Palay, S. L., and G. E. Palade: The fine structure of neurons. J. biophys. biochem. Cytol. 1, 59—88 (1955).

Pappas, G. D.: The fine structure of the nuclear envelope of Amoeba proteus. J. biophys. biochem. Cytol. 2, Suppl., 431—434 (1956).

—, and P. W. Brandt: The fine structure and interrelationship of the mitochondria and the nucleus in Amoeba. Anat. Res. 133, 318—319 (1959).

Parat, M., et D. R. Bhattacharya: L'ovocyte de Ciona intestinalis L. C. R. Soc. Biol. (Paris 94, 44 (1926).

Pasteels, J. J.: Aspects structuraux de la fécondation vus au microscope électronique. Arch. Biol. (Liège) **76**, 463—510 (1965).

—, et E. de Harven: Etude au microscope électronique du cytoplasme de l'œuf vierge et fécondé de Barnea candida. Arch. Biol. (Liège) **74**, 415—437 (1963).

Pierantoni, U.: 1927, zit. nach G. Jägersten (1939).

Piko, L., and A. Tyler: Fine structural studies of sperm penetration in the rat. Proc. Vste intern. Congr. Animal Reproduction Trento, 372—377 (1964).

Pincus, G.: Observations on the living eggs of the rabbit. Proc. roy. Soc. B **107**, 132—167 (1930).

— The comparative behaviour of mammalian eggs in vivo and in vitro. III. Factors controlling the growth of the rabbit blastocyst. J. exp. Zool. **78**, 1 (1938).

— The comparative behaviour of mammalian eggs in vivo and in vitro. IV. The development of fertilized and artificially activated rabbit eggs. J. exp. Zool. **82**, 85 (1939).

— Superovulation in rabbits. Anat. Rec. **77**, 1—8 (1940).

—, and E. V. Enzmann: Fertilization in the rabbit. J. exp. Biol. **9**, 403—408 (1932).

Politzer, G.: Die Keimbahn des Menschen. Z. Anat. **100**, 331—361 (1933).

Pollister, A. W., M. E. Gettner, and R. Wada: Nucleocytoplasmic interchange in oocytes. Science **120**, 789 (1954).

Popa, G. T.: The distribution of substances in the spermatozoon (Arbacia and Nerlis). Biol. Bull. **52**, 238—257 (1927).

Porter, K. R.: Changes in cell fine structure accompanying mitosis. Fine structure of cells, Symp., Leiden, 1954, 236—250, Groningen: P. Noordhoff Ltd. 1954.

— Problems in the study of nuclear fine structure. IV. Internat. Kongr. f. Elektronenmikroskopie, Berlin 1958, Bd. II, S. 186—199. Berlin-Göttingen-Heidelberg: Springer 1960.

— M. C. Ledbetter, and S. Badenhausen: The microtubule in cell fine structure as a constant accompaniment of cytoplasmic movements. Proc. III. Europ. Reg. Conf. Electronenmicroscopy, Prague, 1964, 119.

Press, N.: An electron microscope study of a mechanism for the delivary of follicular cytoplasm to an avian egg. Exp. Cell Res. **18**, 194—196 (1959).

— An unusual organelle in avian ovaries. J. Ultrastruct. Res. **10**, 528—546 (1964).

Rebhuhn, L. J.: Electron microscopy of basophilic structures of some invertebrate oocytes. I. Periodic lamellae and the nuclear envelope. J. biophys. biochem. Cytol. **2**, 93—104 (1956a).

— Electron microscopy of basophilic structure of some invertebrate oocytes. II. Fine structure of the yolk nuclei. J. biophys. biochem. Cytol. **2**, 159—170 (1956b).

— Some electron microscope observations on membranous basophilic elements of invertebrate eggs. J. Ultrastruct. Res. **5**, 208 (1961).

Rennels, E. G.: Influence of hormones on the histochemistry of ovarian interstitial cells tissue in the immature rat. Amer. J. Anat. **88**, 63—108 (1951).

Rhodin, J.: Correlation of ultrastructural organization and function in normal and experimentally changed proximal convoluted tubule of the mouse kidney. Inaug.-Diss. med. Fak. Karolinska Inst. Stockholm 1954.

Rio Hortega, P.: 1913, zit. nach J. R. Sotelo, and K. R. Porter 1959.

Rockenschaub, A.: Theca- und Stroma. Luteinzellen des Eierstockes als fluoreszierende Körnchenzellen. Geburtsh. u. Frauenheilk. **10**, 829—834 (1950).

— Die Eigenfluoreszenz in Follikeln und Gelbkörpern. Zbl. Gynäk. **73**, 1206—1212 (1951).

Roth, L. E., S. W. Obetz, and E. W. Daniels: Electron microscopic studies of mitosis in amebae. I. Amoeba proteus. J. biophys. biochem. Cytol. **8**, 207—220 (1960).

Roth, S., and R. Porter: Yolk protein uptake in the oocyte of the mosquito Acdes aegyphi L. J. Cell Biol. **20**, 313—332 (1964).

Rothschild, L.: The surface of the sea urchin egg. Quart. J. micr. Sci. **99**, 1—3 (1958).

Rozsa, G., and R. W. Wyckoff: The electron microscopy of dividing cells. Biochim. biophys. Acta (Amst.) **6**, 334—339 (1950).

Runner, M. N., and A. Gates: Conception in prepuberal mice following artificially induced ovulation and mating. Nature (Lond.) **174**, 222 (1954).

RUNNSTRÖM, J.: An analysis of the changes attending fertilization of the sea urchin egg. Exp. Cell Res., Suppl. 5, 527—546 (1958).
— B. E. HAGSTRÖM, and P. PERLMAN: Fertilization. In: The cell (J. BRACHET and A. E. MIRSKY, ed.), vol. I, p. 327—397. New York and London: Academic Press 1959.
—, and H. MANELLI: Induction of polyspermy by treatment of sea urchin eggs with mercurials. Exp. Cell Res. 35, 157—193 (1964).
— L. MONNÉ, and E. WICKLUND: Mechanism of formation of the fertilization membrane in sea urchin eggs. Nature (Lond.) 153, 313—314 (1944).
— — — Studies on the surface layers and the formation of the fertilization membrane in sea urchin eggs. J. Colloid Sci. 1, 421 (1946).
RUTHMANN, A.: The fine structure of the meiotic spindle of the crayfish. J. biophys. biochem. Cytol. 5, 177—180 (1958).
SAMUELS, L. T., and H. REICH: The chemistry and metabolism of the steroids. Ann. Rev. Biochem. 21, 129—178 (1952).
SCHECHTMAN, A. M.: Localized cortical growth as the immediate cause of cell division. Science 85, 222—223 (1937).
SCHLAFKE, S., and A. C. ENDERS: Observations on the fine structure of the rat blastocyst. J. Anat. (Lond.) 97, 353—360 (1963).
SCHMIDT, W.: Licht- und elektronenmikroskopische Untersuchungen über die intrazelluläre Verarbeitung von Vitalfarbstoffen. Habil.-Schrift Hamburg 1961.
SCHOLTYSECK, E., u. W. H. VOIGT: Die Bildung der Oocytenhülle bei Eimeria perforans (Sporozoa). Z. Zellforsch. 62, 279—292 (1964).
SCHRADER, F., and C. LEUCHTENBERGER: The origin of certain nutritive substances in the eggs of hemiptera. Exp. Cell Res. 3, 136—146 (1952).
SCHULTZ-LARSEN, J.: On the structure of the nuclear spindle. An electron microscopic study. Acta path. microbiol. scand. 32, 567—573 (1953).
— The morphology of the human sperm. Acata path. microbiol. scand., Supp. 128, 1—121 (1958).
SCHWARZ, W.: Electron microscopical studies of the fibrillogenesis in the human cornea. IV. Internat. Kongr. der Anatomen, New York, 1960.
— Elektronenmikroskopische Untersuchungen an der Whartonschen Sulze menschlicher Embryonen. Verh. anat. Ges. (Jena), Anat. Anz. Erg.-H. 113, 102—113 (1964).
—, u. H. J. MERKER: Die Hodenzwischenzellen der Ratte nach Hypophysektomie und nach Behandlung mit Choriongonadotropin. Z. Zellforsch. 65, 272—284 (1965).
SEIDEL, F.: Die Entwicklungspotenzen einer isolierten Blastomere des Zweizellenstadiums im Säugetierei. Naturwissenschaften 39, 355 (1952a).
— Regulationsbefähigung der embryonalen Säugetierkeimscheibe nach Ausschaltung von Blastemteilen mit einem UV-Strahlenstichapparat. Naturwissenschaften 39, 533 (1952b).
— Das entwicklungsphysiologische Verhalten des Säugerkeimes beim Beginn seiner Uteruswanderung. Verh. Dtsch. Zool. Ges. Tübingen 1954.
— Nachweis eines Zentrums zur Bildung der Keimscheibe im Säugetierei. Naturwissenschaften 43, 306—307 (1956).
Die Entwicklungsfähigkeiten isolierter Furchungszellen aus dem Ei des Kaninchens (Oryctolagus cuniculus). Wilhelm Roux' Arch. Entwickl.-Mech. Org. 152, 43—130 (1960).
SEIFERT, G.: Elektronenmikroskopische Befunde an den Speicheldrüsenacini nach Einwirken von Noradrenalin. Beitr. path. Anat. 127, 111—136 (1962).
SELBY, C. C.: Electron micrographs of mitotic cells of the Ehrlich mouse ascites tumor in thin sections. Exp. Cell Res. 5, 386—393 (1953).
SELMAN, G. G., and C. H. WADDINGTON: The mechanism of cell division in the cleavage of the newt's egg. J. exp. Biol. 32, 700—733 (1955).
SHELDON, H.: Observations on the production of matrix by bone and cartilage cells. Europ. Elektr. mikr. Kongr., Delft, 1960.
SHETTLES, L. B.: The living human ovum. J. Obstet. Gynec. 10, 359—365 (1957).
— Ovum Humanum. Wachstum, Reifung, Ernährung, Befruchtung und frühe Entwicklung. München u. Berlin: Urban & Schwarzenberg 1960.
SHORT, R. V.: Steroids in the follicular fluid and the corpus luteum of the mare. A "two-cell type" theory of ovarian steroid synthesis. J. Endocr. 24, 59—64 (1962).

Short, R. V., and M. F. McDonald, and L. E. A. Rowson: Steroids in the ovarian venous blood of ewes before and after gonadotrophic stimulation. J. Endocr. **26**, 155—169 (1963).

Silva Sasso, W. da: Existence of hyaluronic acid at the zona pellucida of the rabbits ovum. Acta anat. (Basel) **36**, 352—357 (1959).

Simkins, C. S.: Origin of the sex cells in man. Amer. J. Anat. **41**, 249—293 (1928).

Sjöstrand, F. S., and V. Hanson: Ultrastructure of Golgi apparatus of exocrine cells of mouse pancreas. Exp. Cell Res. **7**, 415—429 (1954).

Slater, D. W., and E. J. Dornfeld: Quantitative aspects of growth and oocyte production in the early prepubertal rat ovary. Amer. J. Anat. **76**, 253—275 (1945).

Smith, A. U.: Cultivation of rabbit eggs and cumuli for phase-contrast microscopy. Nature (Lond.) **164**, 1136—1137 (1949).

— Fertilization in vitro of the mammalian egg. The biochemistry of fertilization and the gametes. Biochem. Soc. Symp. **7**, 3—10 (1951).

Smith, P. E., and E. T. Engle: Experimental evidence regarding the role of the anterior pituitary in the development and regulation of the genital system. Amer. J. Anat. **40**, 159—217 (1927).

Smithberg, M.: The effect of different proteolytic enzymes on the zona pellucida of mouse ova. Anat. Rec. **117**, 554 (1953).

Sobotta, J.: Die Befruchtung und Furchung des Eies der Maus. Arch. mikr. Anat. **45**, 15 (1895).

—, u. G. Burkhard: Reifung und Befruchtung des Eies der weißen Ratte. Anat. Hefte **42**, 433 (1910).

Sorokin, S.: Centrioles and the formation of rudimentary cilia by fibroblasts and smooth muscle cells. J. Cell Biol. **15**, 363 (1962).

Sotelo, J. R., and K. R. Porter: An electron microscope study of the rat ovum. J. biophys. biochem. Cytol. **5**, 327—341 (1959).

—, and O. Trujillo Cenóz: Electron microscopic study of the vitelline body of some spider oocytes. J. biophys. biochem. Cytol. **3**, 301—310 (1957).

Spek, J.: Die bipolare Differenzierung des Protoplasmas des Teleosteer-Eies und ihre Entstehung. Protoplasma (Wien) **18**, 497—545 (1933).

Stafford, W. T., R. F. Collins, and H. W. Mossman: The thecal gland in the guinea pig ovary. Anat. Rec. **83**, 193—207 (1942).

Starck, D.: Embryologie. Stuttgart: Georg Thieme 1955.

Stegner, H.-E.: Die Feinstruktur der Säugereizelle. Vergleichende elektronenmikroskopische Untersuchungen an Eizellen des Menschen und verschiedener Nagetiere. Habil.-Schrift, Hamburg 1965.

— Über Reservesubstanzen und nutritive Beziehungen der Säugereizelle während der Blastogenese. Arch. Gynäk. **202**, 255—259 (1965).

—, u. H. Wartenberg: Elektronenmikroskopische und histotopochemische Untersuchungen über Struktur und Bildung der Zona pellucida menschlicher Eizellen. Z. Zellforsch. **53**, 702—713 (1961a).

— — Elektronenmikroskopische und histotopochemische Befunde an menschlichen Eizellen. Arch. Gynäk. **196**, 23—34 (1961b).

— — Elektronenmikroskopische Untersuchungen an Eizellen des Menschen in verschiedenen Stadien der Oogenese. Arch. Gynäk. **199**, 151—172 (1963).

Sterba, G.: Über die Struktur der Eihüllen bei einigen Knochenfischen. Naturwissenschaften **44**, 178 (1957).

— Die Eihüllen des Schmerlen-Eies. (Nemachilus barbatula L.) Z. mikr.-anat. Forsch. **63**, 581—588 (1958).

Stich, H.: Stoffe und Strömungen in der Spindel von Cyclops strenuus. Ein Beitrag zur Mechanik der Mitose. Chromosoma (Berl.) **6**, 199—236 (1934).

Stieve, H.: Entwicklung, Bau und Bedeutung der Keimdrüsen-Zwischenzellen. Ergebn. Anat. Entwickl.-Gesch. **23**, 1—249 (1921).

— Die Entwicklung der Keimzellen und der Zwischenzellen in der Hodenanlage des Menschen. Ein Beitrag zur Keimbahnfrage. Z. mikr.-anat. Forsch. **10**, 225—285 (1927).

— Zwischenzellen. Handbuch vergleichende Anatomie der Wirbeltiere, Bd. VI, S. 235. Berlin u. Wien: Urban & Schwarzenberg 1933.

STIEVE, H.: Anatomisch nachweisbare Vorgänge im Eierstock des Menschen und ihre umweltbedingte Steuerung. Geburtsh. u. Frauenheilk. 9, 639—644 (1949).

STRAUSS, W.: Cytochemical investigation of phagosomes and related structures in cryostat sections of the kidney and liver of rats after intravenous administration of peroxidase. Exp. Cell Res. 27, 80—94 (1962).

SUBRAMANIAM, M. K., and A. R. GOPOLA: Secretion of fatty and albuminous yolk by Golgi bodies in Stomopneustes variolaris, Lamarck. Z. Zellforsch. 24, 576—584 (1936).

SUGIYAMA, M.: Refertilization of the fertilized eggs of the sea urchin. Biol. Bull. 101, 335—344 (1951).

— Physiological analysis of the cortical response of the sea urchin egg to stimulating reagents. Response to sodium choleinate and wasp-venom. Biol. Bull. 104, 210—224 (1953).

— Physiological analysis of the cortical response of the sea urchin egg. Exp. Cell Res. 10, 364—376 (1956).

SUZUKI, S., and L. MASTROIANNI jr.: In vitro fertilization of rabbit ova in tubal fluid. Amer. J. Obstet. Gynec. 93, 465—471 (1965).

SWANN, M. M.: The nucleus in fertilization, mitosis and cell division. Symp. Soc. exp. Biol. 6, 89—106 (1952).

—, and J. M. MITCHISON: The mechanism of cleavage in animal cells. Biol. Rev. 33, 103—135 (1958).

SWEZY, O.: Ovogenesis and its relationship to the hypophysis. Lancaster and Penna: Science Press 1933.

—, and H. M. EVANS: The human ovarian germ cells. J. Morph. 49, 543—567 (1930).

SWIFT, H.: The fine structure of annulate lamellae. J. biophys. biochem. Cytol. 2, Suppl., 415—418 (1956).

SZOLLOSI, D.: Cortical granules: a general feature of mammalian eggs? J. Reprod. Fertil. 4 (1962).

— Extrusion of nucleoli from pronuclei of the rat. J. Cell Biol. 25, 545—562 (1965).

—, and H. RIS: Observations on sperm penetration in the rat. J. biophys. biochem. Cytol. 10, 275—283 (1961).

TARDINI, A., L. VITALI-MAZZA e F. E. MANSANI: Ultrastruttura dell'ovacita umana maturo. II. Nucleo e citoplasma ovulare. Arch. „De Vecchi" 35, 25—70 (1961).

TEPLITZ, R., and S. OHNO: Postnatal induction of ovogenesis in the rabbit (Oryctolagus cuniculus). Exp. Cell Res. 31, 183—189 (1963).

TRUJILLO-CENOZ, O., and J. R. SOTELO: Relationship of the ovular surface with follicle cells and origin of the zona pellucida in rabbit oocytes. J. biophys. biochem. Cytol. 5, 347—350 (1959).

TRUMP, B. F., E. A. SMUCKLER, and E. P. BENDITT: A method for staining epoxy sections for light microscopy. J. Ultrastruct. Res. 5, 343 (1961).

TYLER, A.: Extraction of an egg membrane lysin from sperm of the giant key-hole limpet (Magathura crenulata). Proc. nat. Acad. Sci. 25, 317 (1939).

— Ontogeny of immunological properties. In: Analysis of development (B. H. WILLIER, P. A. WEISS and V. HAMBURGER, ed.), p. 556—573. Philadelphia and London: W. B. Saunders Co. 1955.

UMBAUGH, R. E.: Superovulation and ovum transfer in cattle. Fertil. and Steril. 2, 243—252 (1951).

VINCENT, W. S., and E. J. DORNFELD: Localization and role of nucleic acids in the developing rat ovary. Amer. J. Anat. 83, 437—457 (1948).

WADA, S. K., I. R. COLLIER, and J. C. DAN: Studies on the acrosome. V. An egg membrane lysin from the acrosomes of Mytilus edulis spermatozoa. Exp. Cell Res. 10, 168—180 (1956).

WALDEYER, W.: Die Geschlechtszellen. In: Handbuch der vergleichenden und experimentellen Entwicklungslehre der Wirbeltiere (O. HERTWIG, Hrsg.), S. 86—476. Jena: Gustav Fischer 1906.

WALLART, J.: Zur Frage der interstitiellen Eierstockdrüse beim Menschen. Z. Zellforsch. 29, 100—114 (1939).

WARD, R. T.: Observations on the origin of yolk. Anat. Rec. 139, 651 (1959).

Ward, T.: The origin of protein and fatty yolk in Rana pipiens. II. Electron microscopical and cytochemical observations of young and mature oocytes. J. Cell Biol. 14, 309—341 (1962).

Wartenberg, H.: Elektronenmikroskopische Untersuchungen über den Rindenbereich der Amphibienoocyte und über die Veränderungen vor und nach der Befruchtung. Symp. Germ Cells and Development, p. 75—80, 1960.

— Elektronenmikroskopische und histochemische Studien über die Oogenese der Amphibieneizelle. Z. Zellforsch. 58, 427—486 (1962).

— Experimentelle Untersuchungen über die Stoffaufnahme durch Pinocytose während der Vitellogenese der Amphibienoocyten. Z. Zellforsch. 63, 1004—1019 (1964).

—, u. W. Gusek: Untersuchungen über die Topochemie und die elektronenoptische Feinstruktur des Ovarialeies von Amphibien. Verh. Anat. Ges. 26. Tagung, Zürich, 1959.

— — Elektronenoptische Untersuchungen über die Feinstruktur des Ovarialeies und des Follikelepithels von Amphibien. Exp. Cell Res. 19, 199—209 (1960).

—, u. W. Schmidt: Elektronenmikroskopische Untersuchungen der strukturellen Veränderungen im Rindenbereich des Amphibieneies im Ovar vor und nach der Befruchtung. Z. Zellforsch. 54, 118—146 (1961).

—, u. H.-E. Stegner: Über die elektronenmikroskopische Feinstruktur des menschlichen Ovarialeies. Z. Zellforsch. 52, 450—474 (1960).

— — Die Feinstruktur des menschlichen Ovarialeies. Verh. I. Europ. Anatomen Kongreß, Straßburg, 1960. Anat. Anz. 109, Erg.-H., 390—400 (1960/61).

Watson, M. L.: The nuclear envelope. Its structure and relation to cytoplasmic membranes. J. biophys. biochem. Cytol. 1, 257—270 (1955).

Watzka, M.: Das Ovarium. In: Handbuch der mikroskopischen Anatomie des Menschen. Begründet von M. von Möllendorf, fortgeführt von W. Bargmann. Berlin-Göttingen-Heidelberg: Springer 1957.

— Normale Entwicklungsgeschichte der Gonaden und der Geschlechtsgänge. In: L. Overzier, Die Intersexualität, S. 1—15. Stuttgart: Georg Thieme 1961.

Weissenfels, N.: Struktur und Verhalten der Nukleolen von Hühnerherzmyoblasten in Gewebekultur während des Interphasenwachstums und der Mitose. Z. Zellforsch. 62, 667—700 (1964).

Westman, A.: Untersuchungen über die Abhängigkeit der Funktion des Corpus luteum von den Ovarialfollikeln und über die Bildungsstätte der Hormone im Ovarium. Arch. Gynäk. 158, 476—504 (1934).

— The influence of X-irradiation on the hormonal function of the ovary. Acta endocr. (Kbh.) 29, 334—346 (1958).

Wilke, G., u. E. Schuchardt: Elektronenmikroskopische Untersuchungen der Hodenzwischenzellen von normalen und hypophysektomierten Ratten. IV. Internat. Kongr. f. Elektronenmikroskopie, Berlin, Bd. 2, S. 388, 1958.

Wintrebert, P.: La digestion de l'enveloppe tubaire interne de l'oeuf par des ferments issus des spermatozoids, et del'ovule chez Discoglossus pictus Otth. C.R. Acad. Sci. (Paris) 188, 97 (1929).

— La fonction enzymatique de l'acrosome spermien du Discoglosse. C.R. Soc. Biol. (Paris) 112, 1636 (1933).

Wischnitzer, S.: The ultrastructure of the yolk platelets of amphibian oocytes. J. biophys. biochem. Cytol. 3, 1040—1042 (1957).

— An electron microscope study of the nuclear envelope of amphibian oocytes. J. Ultrastruct. Res. 1, 201—222 (1958).

— The ultrastructure of the nucleus and nucleocytoplasmic relations. Int. Rev. Cytol. 10, 137—162 (1960a).

— Observations on the annulate lamellae of immature amphibian oocytes. J. biophys. biochem. Cytol. 8, 558—563 (1960b).

— The development of the amphibian egg. Cellule 62, 133—144 (1962).

Witschi, E.: Migration of the germ cells of human embryos from the yolk sac to the primitive gonadal folds. Contr. Embryol. Carneg. Instn 32, 67—80 (1948).

— Development of vertebrates. Philadelphia: W. B. Saunders Co. 1956.

Wittek, M.: La vitellogénèse chez les amphibians. Arch. Biol. (Liège) 63, 133—198 (1952).

WOLPERT, L.: Some problems of cleavage in relation to the cell membrane. In: Cell growth and cell division (R. J. HARRIS, ed.), p. 299—312. NewYork and London: Academic Press 1963.

—, and F. H. MERCER: An electron microscope study of fertilization of the sea urchin egg, Psammechinus miliaris. Exp. Cell Res. **22**, 45—55 (1961).

WORLEY, L. G., and L. G. MORIBER: The origin of protein yolk from the Golgi apparatus in gastropods. Trans. N.Y. Acad. Sci., Ser. II, **23**, 352—356 (1961).

WOTTON, R. M., and P. A. VILLAGE: The transfer function of certain cells in the wall of the Graafian follicle as revealed by their reaction to previously stained fat in the cat. Anat. Rec. **110**, 121—126 (1951).

YAMADA, E.: The fine structure of the renal glomerulus of the mouse. J. biophys. biochem. Cytol. **1**, 551 (1955).

— T. MUTA, A. MOTOMURA, and H. KOGA: The fine structure of the oocyte in the mouse ovary studied with electron microscope. Kurume med. J. **4**, 148—171 (1957).

YAMAMOTO, K.: Studies on the formation of fish eggs. VIII. The fate of yolk vesicle in the oocyte of the smelt, Hypomesus Japonicus, during vitellogenesis. Embryologia **3**, 131 (1956).

YAMAMOTO, T.: Mechanism of membrane elevation in the egg of Oryzias latipes at the time of fertilization. Proc. Imp. Acad. Jap. **15**, 272 (1939).

— The physiology of fertilization in the medaka (Oryzia latipes). Exp. Cell Res. **10**, 387—393 (1956).

YASUZUMI, G.: Electron microscopy of the developing spermhead in the sparrow testis. Exp. Cell Res. **11**, 140—143 (1956).

— G. I. KAYE, D. PAPPAS, H. YAMAMOTO, and I. TSUBO: Nuclear and cytoplasmic differentiation in developing sperm of the crayfish Cambaroides Japonicus. Z. Zellforsch. **53**, 141—158 (1961).

—, and H. TANAKA: Spermatogenesis in animals as revealed by electron microscopy. VI. Researches on the spermatozoon-dimorphism in a pond snail. Cipango-paludina malleata. J. biophys. biochem. Cytol. **4**, 621—633 (1958).

ZAMBONI, L., and L. MASTROIANNI jr.: Electron microscopic studies on rabbit ova. I. The follicular oocyte. J. Ultrastruct. Res. **14**, 95—117 (1966).

— — Elektron microscopic studies on the rabbit ova. II. The penetrated tubal ovum. J. Ultrastruct. Res. **14**, 118—132 (1966).

ZAMBONI, L., D. R. MISHELL, J. H. BALL, and M. BACA: Fine structure of the human ovum in the pronuclear stage. J. Cell Biol. **30**, 579—600 (1966).

ZETTERQVIST, H.: The ultrastructural organization of the columnar absorbing cells of the mouse jejunum. Karolinska Institutet, Stockholm Aktiebolaget Godril, 1956.

ZIMMERMANN, W., G. H. M. GOTTSCHEWSKI, H. FLAMM u. CH. KUNZ: Experimentelle Untersuchungen über die Aufnahme von Eiweiß, Viren und Bakterien während der Embryogenese des Kaninchens. Develop. Biol. **6**, 233—249 (1963).

ZONDEK, B., u. S. ASCHHEIM: Zur Funktion des Ovariums. Klin. Wschr. **5**, 400—404 (1926).

ZOTIN, A. I.: The mechanism of hardening of the salmonid egg membrane after fertilization of spontaneous activation. J. Embryol. exp. Morph. **6**, 546—568 (1958).

ZUCKERMAN, S.: Origin and development of oocytes in foetal and mature mammals. In: Sex differentiation and development (C. L. AUSTIN, ed.). Mem. Soc Endocr. **7**, 63—70 (1960).

Sachregister

Ergebnisse der Anatomie und Entwicklungsgeschichte

Reviews of Anatomy Embryology and Cell Biology

Revues d'anatomie et de morphologie expérimentale

Herausgegeben von
A. Brodal, Oslo · C. Elze, München · W. Hild, Galveston
R. Ortmann, Köln · T. H. Schiebler, Würzburg · G. Töndury, Zürich
E. Wolff, Paris

Schriftleitung
G. Töndury, Zürich

Band 39 (Heft 1 — 6)

Springer-Verlag · Berlin · Heidelberg · New York 1966/67

Inhalt